家装故事汇
彻底改造
老屋 阳台 地下室 复式 阁楼 不规则房型
丁方◎编著
清華大學出版社
北京

内 容 简 介

家庭装修是把生活的各种情形“物化”到空间之中。大的装修概念包括房间设计、装修、家具布置以及富有情趣的软性装点。通常业主会亲自介入到装修过程中，不仅在装修设计施工期间，还包括入住之后长期不断地改进。装修是件琐碎的事，需要业主用智慧去整合，是一件既美妙又辛苦的事情。

找对装潢公司非常重要，选择装潢公司不能轻信广告，业主必须自己具备一定的装修知识、品位以及对装修流行趋势的把握。如何挑选家装公司？如何和设计师沟通？你真懂颜色吗？全包还是半包？装修禁忌又有哪些？如何装修更省钱？……除了基本流程之外，装修更是一种对直觉、美学等综合能力的考验。

本书结合大量实例（不乏大量获奖作品），以主人公故事的形式，以点带面，从真实、简单的问题出发讲解枯燥难懂的装修知识。

本套书适合都市住宅业主、家装和软装类设计师、设计院校学生阅读。全套书有 5 册：一居分册、二居分册、三居分册、改造分册、软装分册，本书为改造分册。

图书在版编目(CIP)数据

彻底改造——老屋/阳台/地下室/复式/阁楼/不规则房型 / 丁方编著. —北京：清华大学出版社，2016

（家装故事汇）

ISBN 978-7-302-42099-6

Ⅰ. ①彻…　Ⅱ. ①丁…　Ⅲ. ①住宅—室内装修　Ⅳ. ①TU767

中国版本图书馆 CIP 数据核字（2015）第 267427 号

责任编辑：栾大成
封面设计：杨玉芳
责任校对：徐俊伟
责任印制：沈　露

出版发行：清华大学出版社
网　　址：http://www.tup.com.cn，http://www.wqbook.com
地　　址：北京清华大学学研大厦 A 座　　**邮　　编：**100084
社 总 机：010-62770175　　**邮　　购：**010-62786544
投稿与读者服务：010-62776969，c-service@tup.tsinghua.edu.cn
质 量 反 馈：010-62772015，zhiliang@tup.tsinghua.edu.cn
印 装 者：北京亿浓世纪彩色印刷有限公司
经　　销：全国新华书店
开　　本：210mm×185mm　　**印　　张：**7　　**字　　数：**488 千字
版　　次：2016 年 2 月第 1 版　　**印　　次：**2016 年 2 月第 1 次印刷
印　　数：1～3000
定　　价：39.00 元

产品编号：047444-01

Preface 前言

彻底改造
——老屋 / 阳台 / 地下室 / 复式 / 阁楼 / 不规则房型

就像日剧中顽劣不化的男主角，有些户型天生就一副愣头愣脑的各色样，好比娶回一个不适合的太太，让业主一到家就闹心不已。当你遇到有户型缺陷的居室，不要伤心、不要忧郁，只要用上你的心意，适当改造，一样可以称心入住。

缺陷户型只要改造得当,就像驯化后的野兽,既保持了原有的独特“个性”，让房间显得与众不同；又增添了居住的舒适性。现在就开始你的“改造计划”、让业主真正做主，把家改造成适合你的样子吧！

缺陷户型就像顽劣成性的孩子，你需要去发现和发扬他的优点和个性中好的方面，让疏导多过推倒重来。长而窄的厨房，能让你有很长的操作台；扇形的卧室，能让你拥有弧形的景观窗；斜而低矮的屋顶，让你的心离天窗更近，方便夜晚赏星星；梯形的玄关，不是正好多了一个三角形的收纳空间吗?

有时候，不用急着敲墙，不用牺牲面积去填平、拉正、吊顶。每一种“各色”的户型，都是上天赐给你的礼物，让家与众不同。去爱它的优点，因势利导地发挥它的长处，才是首要的改造心态。当你对它有了这种“亲密无间”的信任与欣赏后，你会发现，其实改造会变得容易很多。

让需求成为主导。在动手改造之前，先想一想，你究竟要什么。仅仅追求美观和大气是户型改造中最忌讳的一点。空间是你天天使用的，功能的完备、动线的合理、家人需求的最大满足才应该成为你改造的深层动因。如果没有客人的造访，一个转角沙发加双人沙发的豪华大客厅可能利用率会变得很低。如果你的卫生间够大又不装浴缸，那么刻意地干湿分离就没有太大的必要。而一些信手拈来的不起眼小改造，可能只是将飘窗增大延长，就能成为孩子最喜欢的游乐天地；只需拓宽一点点卧室入口处的走廊，就能安排进一排壁柜，让爱妻多了一个心爱的衣柜。所以，先不用忙着敲墙、砌墙，和心爱的家人沟通下需求，小小改造也会带来大大的惊喜效果。

不要以为户型改造就是改动一下墙面、增添一点柜子，没有什么技术含量，可能一些细节远比你想象的要更专业。你的高挑空客厅需要增加一层楼板，如何保证它安全坚固又不会踏上去空空作响？你安装的楼梯是否符合老人和孩子的安全需要？你敲掉的是否是承重墙？什么样的隔断墙既隔热又隔音，成本又低？卫生间座便器移位后是否有堵塞的隐患?

你需要了解的专业知识，可能远比你想象的更多。我们希望这本书不仅仅给你改造的灵感，更给你带来专业的改造知识，让你改得更得心应手，住得更舒心。

全书所涉及的人名和情景为均为虚拟。

丁方

目录

彻底改造
——老屋 / 阳台 / 地下室 / 复式 / 阁楼 / 不规则房型

HomE

综述

串烧

1. 双人办公的梦想——餐厅改书房实例

Project Information 项目信息

户型：
三室两厅
设计：
5凹
改造亮点：
餐厅改建为书房
特色材质：
木质饰面板、茶镜、木雕花板
设计亮点：
简约电视背景墙

"老公，这次装修就交给你啦！"
雨墨对裕君说。
第一个家是雨墨弄的，
地中海蓝白极尽浪漫，
没过多久小宝宝就出生了，
柴米油盐成了生活的主旋律，
由于考虑不周，小宝宝住的地方也没事先安顿好，
乱糟糟的杂物不知何时早已将原先纯净的
蓝白气息破坏殆尽，
雨墨每天回到家就不停叹气。
换个大房子吧，俩人下了决心。
这回，雨墨不再要求异国情调，
只要够实用就好。

餐厅变书房

裕君给设计师提了要求，希望能有一个可满足夫妻俩人同时办公的书房。原先三室两厅的格局都有了安排，客房要给裕君父母时常来住，剩下是宝宝房和夫妻两人的卧室，就缺一个书房。设计师想出了方案，将餐厅改建为书房。原来，厨房已经够大，于是餐桌被移到里面，毕竟宝宝还小，两人吃饭用不着大桌子，一张宜家的折叠桌足矣。餐厅部分就被改造成长长的书桌，可容纳两人同时上网办公，书桌上方还搭建了书架，而另一边则是一个充满情趣的小吧台。

巧克力客厅

风格上，设计师大量运用木材，打造层次丰富的简约中性家居感，满足小家庭最基本的居住需求，夫妻俩人看了频频点头，雨墨说，虽然比自己钟爱的地中海风格少了点个性，但是大量的木材贴在墙面，倒有点高级酒店的豪华味道。木材背景墙简单耐看，地面也铺设了木地板，木材独特的纹理就是一种低调的装饰。雨墨说，整个客厅就象一大盒可可含量不同的巧克力，皮质沙发颜色最深，几乎是 100% 的黑巧克力，感觉好苦，窗帘是 80% 的黑巧克力，茶几颜色稍浅，是加入了不少牛奶的巧克力……看着真想咬一口呀！

Tips：

打造简约电视背景墙的四个要点

1. 环保建康

电视墙会大量用到木工、胶、板材、漆等，这些都是有可能产生污染的源头，因此在选材上一定要注意选择符合环保标准的知名品牌的产品。

2. 设计实用

在设计时将储物空间与电视墙的视觉效果结合起来，像DVD、功放、HTPC、影碟等的位置都要考虑到，使其既要留够位置，又要浑然一体，不显突兀。

3. 柔和明亮

色彩搭配以暖色为宜，线条简洁流畅、柔和大方。这样给人一个更加放松、舒适的休闲环境。电视墙的灯光设置，以光线柔和为好，不宜过于强烈，还要注意光反射问题，防止引起二次光污染。

4. 精心设计

如果背景墙面积较大，无论横向还是纵向，都可以充分利用两到三种不同材料来打造，比如大理石、玻璃、实木贴面、壁布等。墙面造型上可以略有层次感，寥寥几笔的勾勒就能让这面墙生动起来。

2. 坐享艺术涂鸦——DIY 家居挂画

Project Information
项目信息

房型：
复式
建筑面积：
98 平方米
设计施工：
五间宅空间设计 / 关镇铨装潢设计 刘晨光
设计亮点：
背景墙
主体基调：
童话

家，就是用来享受的！
主人金先生酷爱艺术和生活，
太太爱收藏，这个家，
自然得有些艺术气息。
他们的想法太多，
大到整体空间布局，
小到每一处细节点缀，
如何把个人爱好和需求完美融入
这个小小的家，
成了完美派的难题。

华美而时尚

金先生爱画画，也希望家中展示自己的得意之作。进门玄关处的发财树正是他的作品，初看很稚嫩，如同孩子般天真，简单的笔触也寄托着他对生活的美好憧憬。白色镂花隔断坐落在白色鞋柜上。吊顶的造型设计，让空间感更强的同时，与地面呼应。

记录难忘瞬间

客厅地砖用了皮纹砖，沙发背景墙也是一面照片墙，记录着点点滴滴难忘的瞬间。橙色的树的贴纸和英文字母贴纸，是调皮的儿子贴上去的，倒也很活泼。两侧贴纸处的墙面上各放置着一个音箱。设计师将客厅的楼梯设置在电视墙一侧，这样既保证了沙发墙的完整统一，也让影音设备有了很好的藏身之地。

隐在深处的卧室

卧室门居然是个隐形的，它藏在客厅背景墙上。

走进卧室，穿过镂花隔断就能看到这个异国杰作。在晚上闪闪发光，于是它能当夜灯使用。风格偏向简单的北欧风格，墙面上贴着暮色印花壁纸。吊灯的光洒在天花板上，层层晕开，光影流转而多变。为了节省空间，两米的床和一米的榻榻米合成一体，休闲睡眠两用。床靠软包典雅而华贵的淡金色非常衬空间，明亮而时尚。

看，这里有条红丝带，它是做什么的呢？其实这是两块玻璃相接处，用这丝带巧妙地把缝隙盖起来，同时也给爱“撞墙”的人以警示作用。

实用小资的餐、厨

明亮而现代的厨房是烹出好菜的必要条件。厨房内墙上贴着有趣的墙纸，也看得出女主人对生活的热爱。开放式的厨房被装上了门套，设计师说，如果日后担心油烟问题，直接买扇门装上就变成封闭式了。看来设计总要未雨绸缪。连接厨房和餐厅的是个小吧台。台上有迷你酒架，同时，做好的饭菜放置于此，也方便拿取。

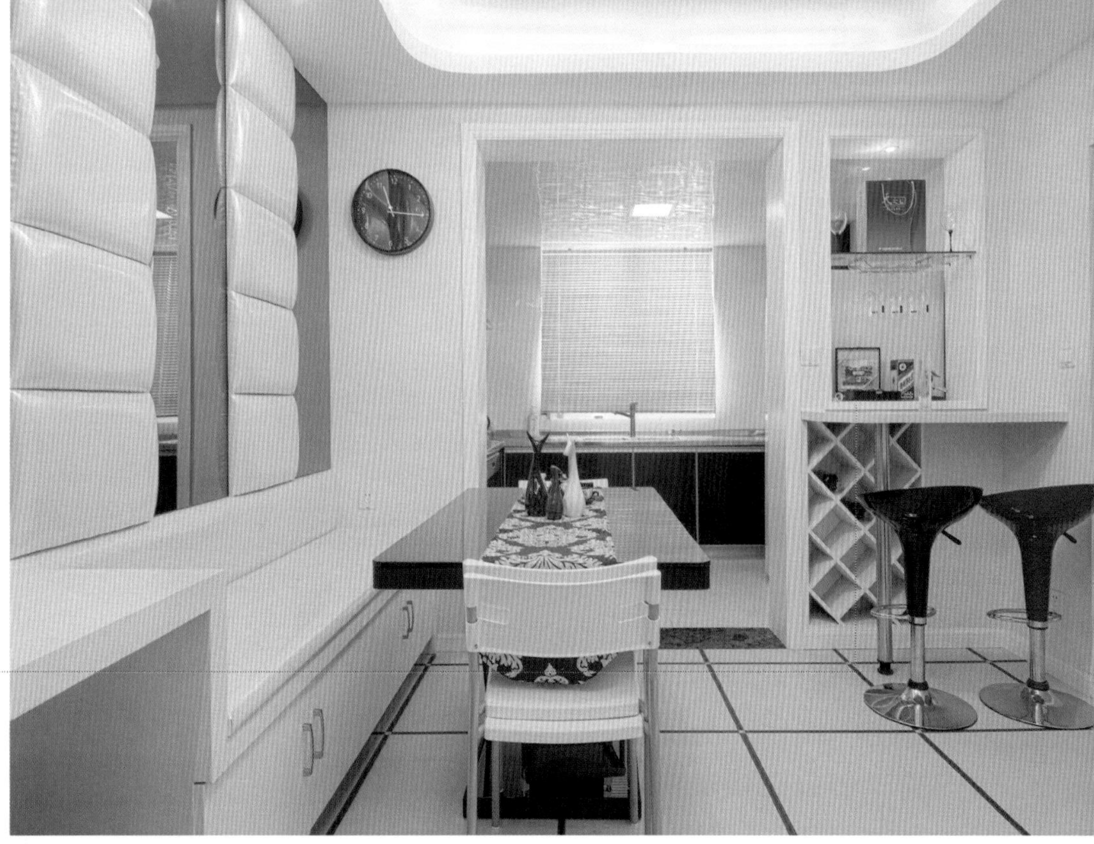

恍如童话的儿童房

总要为宝贝留出一片自由空间，童年的梦总是美好的。蓝天白云是可以画出来的，就在顶上，一抬头便能看到。粉色的墙上设计了壁龛，放着他最喜爱的玩具。五彩的泡沫地垫拼版，易于拼拆，斑斓而柔软的地面由此诞生。滑梯、秋千也入驻了这个小天地，小家伙也开心了。

阁楼巧辟工作区

爱画画的人少不了堆个空地来作画，因为是顶楼复式，金先生巧妙地利用了小小面积的阁楼，将其辟作工作区。就那么一张椅子，如此简单的工作室，想必是思维独特吧。

3. 新疯狂主妇——扇形空间巧放大

Project Information 项目信息

设计：
上海翰高融空间
房型：
三室二厅二卫
装修风格：
现代美式
居住人群：
三口之家
改造亮点：
异形房型的处理、狭窄通道型厨房的改造

主人韩小姐，
标准的新疯狂主妇。
对一切有品味的、经典的、奢华的美好，
无比疯狂。她的爱家，
同样疯狂地坚持着她对于美的追求。
追多了美剧，
沉稳而浪漫的美式风格自然是韩小姐首选。
而“疯狂”的个性又让她对一切
极端的、少见的、异形的户型，
敢于挑战。

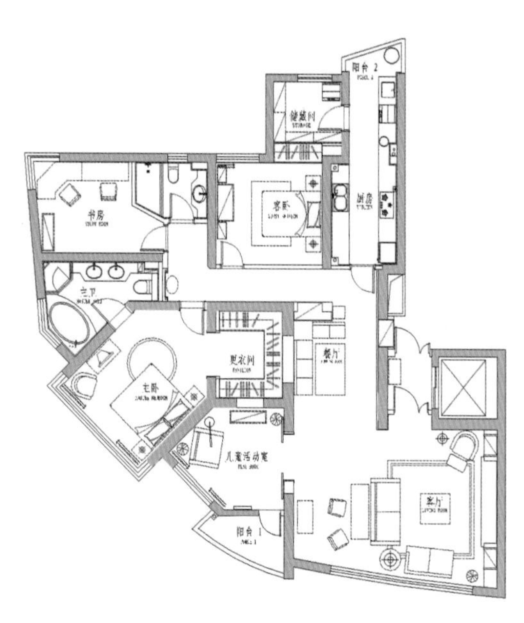
阳台 2
储藏间
STORAGE
书房
客卧
厨房
主卫
更衣间
餐厅
主卧
儿童活动室
客厅
阳台 1

完美主义的美式风

"既然做，就要做个地道！"韩小姐对美式的风格逐一深入贯彻到细节。客厅里，乳白色和奶咖色的墙面，营造了温馨又甜蜜的格调。电视机背景墙巧妙运用大壁炉造型，不仅美观，更在整个客厅设计中，起到了画龙点睛的作用。两侧对称的拱形壁龛，陈列着业主四处淘来的工艺品。不同搭配的厚实的布艺沙发，充分体现了美式风格的舒适和悠闲。电视机背景墙化身为大壁炉造型，壁炉架具储藏功能，而电视机则成为了"炉中物"，别有一番情调吧！

餐厅中，造型经典的深红色实木餐桌椅、拼花的地砖、华丽的吊灯、墙上的木艺镜子，使用餐时间成为一种惬意的视觉享受。

主卧内，深色的实木床，深色的地板，配以奶咖色的墙面，抚平浮躁的心情，感受一片宁静。乳白色拱门后的走入式更衣间，实用与美观并存。

而主卫更是延续整体的色调，优雅的椭圆形浴缸，条纹拼贴的瓷砖更添几分华美。

深长空间的处理

这个房型中，最大的问题就是过长的走廊和厨房。考虑到空间的使用性和实用性的最大化，将厨房和北阳台打通。地面延续和餐厅一样的地砖拼花，形成了整体的一致性。

而在走廊的处理上，更精心地在墙上悬挂多幅油画，散发出浓郁的艺术气息，随着拼花的地砖延伸，一座座造型各异的艺术品缓缓进入眼帘。即使走长长的通道，也不寂寞。

Tips:

如何处理扇形空间

因为受到建筑外观的影响，韩小姐的很多房间变成了扇形，虽然该户型最大限度地做了最合理的设计，但是户型瑕疵还是一目了然，主要体现在扇形面积空间浪费、户型内交通线路迂回交叉等方面。

如何处理扇形空间，让“三角形户型”的感觉变得不易察觉，成了设计的主要考虑方向。

方法 1：拉平扇形做储藏室

将三角形部分拉平并做成储藏室是最省事的方式。但储藏空间也会因三角型顶端的空间局限而变得很难储物。

方法 2：通过吊顶化解扇形感

在卫生间中，选择圆形吊顶来化解不规则的感受。而略带弧度的卧室上方，则是长方形的吊顶，在规则的吊顶中带来房间的有序感。

方法 3：通过家具摆放适应圆弧度

带有弧度的客厅，除了在吊顶上选择规则的长方形之外，还通过家具的摆放来弱化这种扇形的感受。在沙发后的不规则角落，辟出一个休息区，摆放出一组独立的家具，让扇形角落更具美感。

4. 天青色宽生活——大面积地下室的利用

当初买下这套房子，
很大原因是因为客厅与餐厅的错层设计。
“谈客户，讲究的是声东击西、曲线谈法。
而在这种错层的空间里可以移步换景，
而不是一马平川。客厅谈不拢，移步上台阶到餐
厅用餐，谈话气氛可能就不同了。”主人王先生
是商场高手，客厅也兼谈生意交朋友的作用，
设计上自然要费一番心思。“生意场上，迎的是
天南地北的客，男宾女宾皆需尽欢。
我想要一个既庄重又不失柔情的客厅。
让我和太太也都会喜欢。”
王先生说。

Project Information 项目信息

空间利用要点：
局部错层的大面积地下室

设计：
1917

房型：
地上一楼，赠送半地下室（带局部小错层）

面积：
一层约 69 平方米（不含同样大小地下室赠送面积）

改造重点：
大面积地下室的局部错层变身餐厅 + 客厅，
两间卧室改为家庭厅

风格关键词：
都市简约

主材的品牌：
厨房橱柜：澳腾；客厅玻化砖：诺贝尔；地板：快步

主体色调：
冷色调（天青色、淡紫色、米灰）

天青色俊朗 Vs. 淡紫色柔美

王先生追求高品质生活，希望打造出精致的居住空间，却又不喜欢太过繁琐的风格化设计，希望硬装尽量简约，整体色调以干净淡雅为主。配合王先生的要求，设计师把色彩搭配及家具软装的选择，作为本次装修的亮点元素。

在整体空间的色彩方案中，设计师选用色调偏冷的青灰色来表现素雅的格调。客厅里是统一的青灰色，灰木纹色的壁炉，营造着晴朗的气氛。因为有家庭厅的影音室，因此一层客厅区域以会客功能为主，所以在主体墙面采用了壁炉的设计而非电视的设计。因为是一个现代风格的客厅，所以在壁炉设计的时候也采用了现代主义的块面构成。沙发采用以满足交流会客功能的对坐形式。

因为空间中整体色彩只呈现一种色调，所以设计师在配色时少许增加一些暖色调元素来调和一些空间的温度感，比如餐厅背景处和栏杆的原木色，以及窗帘的肉粉色。
当空间色调统一的情况下，为了避免色调过于单调和阳刚，在家具和饰品的搭配上选择一些黑白花朵元素来增加空间的女性气息。餐厅的黑白花朵图案的餐椅以及客厅黑色独立壁柜都为空间增色不少。
而客厅沙发组合的外侧紫色方凳和地毯，则为空间的素雅色调增加了温馨柔美的气氛。

扩展空中餐厅

错层餐厅本来特别狭小，像硬加出来的小小的阁楼，没有大气的感觉。设计上将餐厅和客厅的错层踏步进行比例上的重新设定，使得踏步更长更大气一些。

空间改造重点还有厨房和餐厅的关系。大空间餐厨关系需要避免设计的过于分离和清晰界定，否则会显得空间过分局促和小气。在这里用原来客卫的空间补充了厨房空间的不足，通过将餐厅阳台收入室内空间等办法将厨房尽可能做到空间的开放，并且在餐厅区域设置中岛台来强调餐厅和厨房的关系。而餐厅区域也不再是“空中小阁楼”的感觉，变得格外宽敞，有了待客的宽敞氛围。

敞开式男孩房

一层主要是家庭厅和男孩房。王先生的儿子正在读高中，因此家庭厅表现的是一种其乐融融的氛围，并不需要在装饰效果上有过多语言，仅仅需要在居家气氛上做足功夫，家庭厅的电视墙是书墙的形式呈现以及沙发和灯具的亮色点缀都尽可能呈现活泼休闲的氛围。

家庭厅是由原两间卧室打通，为了使空间更宽敞舒适，虽然家庭厅融合了书房的功能，但是并没有做空间范围的界定。男孩房中改变了卫生间开门的朝向是为了使更衣间更密闭，密闭的更衣间才更有利于防尘防湿，有利于衣物的收纳。男孩房整体表现年轻人喜欢的酷酷的灰色调，以墙纸过顶的做法表现出空间以及大男孩的动感。

扩展主卫豪华入浴

原房屋结构中主卧更衣间区域靠近卧室露台，而卫生间区域却暗黑闭塞，因此设计师在处理空间时将两个功能互换了一下，并且放大了卫生间的面积，这样保障卫生间拥有一面紧邻露台的玻璃大窗，并且卫浴的舒适度达到最高。而更衣间的要求是防尘闭气，更适合在采光一般的地方。

小妙招：

用中式小细节增加简约的厚重感

现代简约风格容易显得轻飘，可在家具和产品的配搭上融合一些中国风元素来为空间增加深度和品味。客厅的黑色立柜和家庭厅的中式隔断，都采用现代中式的元素来为空间增添情趣。

5. 清韵浅竹——三代同堂的客厅功能划分

Project Information
项目信息

面积：
128 平方米
主案设计：
黄译
主要材料：
红橡木、灰镜、爵士白、壁纸、清玻、哑白手扫漆
改造亮点：
客厅移门分割

小三房，三代同堂。
家有琴童，常有客往。
三个卧室住三代人，
眼看着连书房都成为遥不可及的梦想，
更何况琴房？
而设计师黄译却为他在 128 平米的空间中
一一实现这些奢望。
一番精细设计之后，
让客厅巧添玄关、琴室、书房。

功能巧分割

孟先生的客厅非常大，且拥有大面宽采光的优势，西阳台和南阳台的阳光让厅的各个部分都变得明亮而宜人，这是孟先生非常喜欢的。如果要划分出细碎的房间，任何一道隔墙，都可能会影响整体的采光，也会多很多浪费空间的走廊。

进门处，首先需要划分的是玄关空间。在鞋柜旁设计了“竹意”屏风，半遮半透，让屋内温馨风格昭然若揭。

屋内一进门的视野，随着动线的前进而有柳暗花明的宽广。餐厅位不被结构框住想法，仅通过简洁的飘板，让屋主可尽情展现他的喜好，自由拼贴生活趣味，不设限的生活空间让家人的互动更为密切，也织构一幅独特的端景墙图画。

餐厅与客厅的过渡空间，被划出变成钢琴区，以钢琴和书架的整体设计相融合，动线的交流被巧妙规划。推拉门藏于隔墙之间，当不用时，可以完全收起在隔墙中，而拉起后，就有了书房和琴房的感觉。

客厅区域保留原有架构的优点，还以本色的宽敞，融入壁纸的肌理、绿植的活力，温暖的日光穿透大宽面玻璃照进室内，摆上一张休闲躺椅让人或坐、或卧，一杯茶、一本书，无拘无束，将视线穿透客厅之外，将端景视野无限延伸。

客厅巧添柜

孟先生的厅常常要作待客之用，不想用组合电视柜破坏大气整洁的会客气氛。巧妙的添柜地点给了我们很多客厅储物的借鉴。

在几个功能区的过道和转角空间，被设计师规划为收纳功能区。会客区与钢琴区的分割隔墙边，沿用整体色调打制简洁的收纳柜，让这里看起来像是建筑本身的定制，丝毫没有突兀感，灰玻贴面装饰揭开光影与镜面共构的序曲。收纳柜还利用其厚度巧妙地隐藏了折叠式移门，让整个空间看上去更加平整。

而餐厅到客厅的转角处，则添加了一排书柜。紧邻书房的餐桌选择中式八仙桌造型，孟先生在这里上网看书，明亮而又有书香。

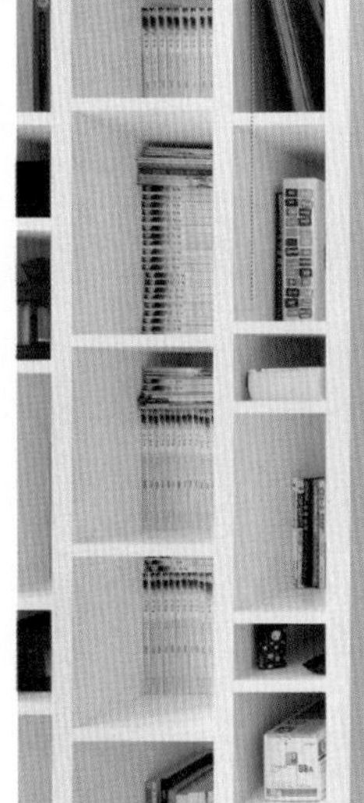

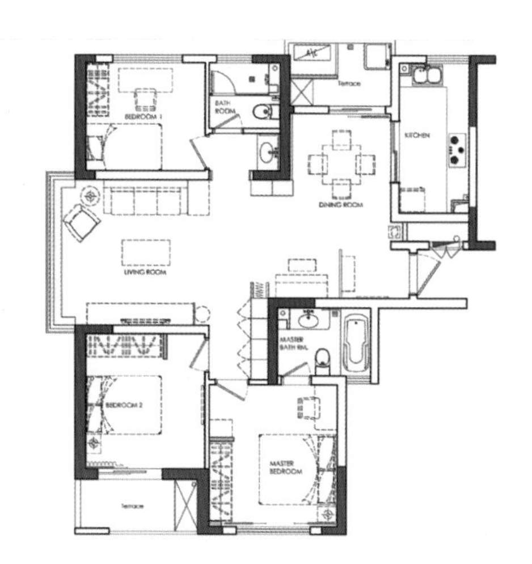

竹韵悠然

孟先生独爱具有地方特色的云锦，设计师精心安排空间用其作为装饰；当体会到屋主对于中式物品那份浅浅而真实的眷恋时，擅用“意象”手法的设计师以东方文化代表的“竹”为元素，简洁的意念体现在屏风、书架的设计，规律中求变化、利落中展现巧思，用节节高的禅意的生活态度将生活放轻松。

请教设计师黄译（注册室内建筑师　CIID 中国建筑学会室内设计会员）

Q: 三代同堂的房间设计上需要注意哪些问题?

A：设计，必须从体会居住者的生活开始。从风格上说，老一代会比较倾向于容易清洁、稳重大气的风格样式；而从空间功能上讲，老一辈喜欢热闹，需要有足够互动的空间享受天伦，而渐渐长大的孩子则需要更多相对独立的空间。一大家子一起住，收纳的分配也变得尤为关键。做三代同堂的设计时，你需要以长者、孩子的成长动线及生活方式做空间规划的主题延伸，以质朴而悠闲的语汇铺陈出宽敞的收纳机能，用细节去满足每一个住户的真实心理需求。

6. 居雅室，观园景——大宅省钱之道

Project Information 项目信息

面积：
146 平方米
风格：
新古典
设计：
五间宅空间设计总监 孙斌
居住人群：
70 后都市金领 + 老人 + 孩子
主体色调：
黑白 + 金属色
设计亮点：
小区公共天井改造为可视家庭园景

这套房子挺大的，
可是房型有点怪，因为是一楼，
有个共享的绿化区域，
假山和怪石有些许，但除了夏天蚊子多外，
别无其他感受。
客厅超级大，但有些不规整，
好多门，加之是一楼，自然便宜许多。
70 后的许先生很果敢的把它买了下来，
并相信能在太太生日那天
给她个意外惊喜。

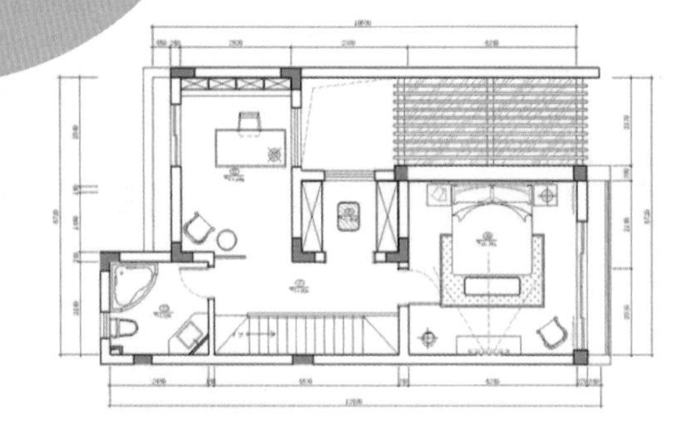

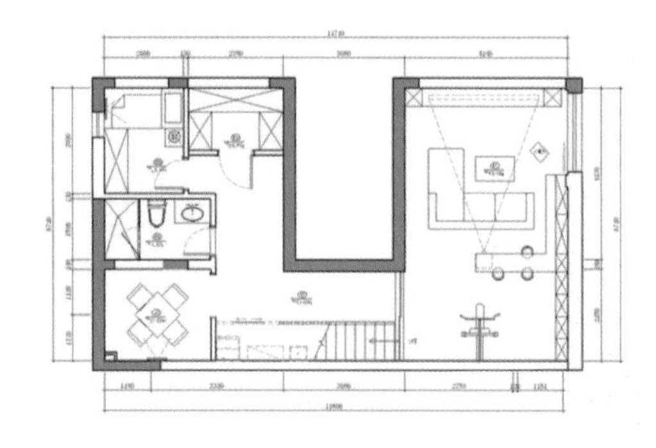

这套设计亮点很多，许先生说他太太喜欢新装饰主义。设计师在空间改造上对小区公共天井与餐厅厨房和客厅楼梯的关系做了改造，把原本和这个家不搭界的小区天井的墙给拆除了，改成了落地玻璃，让整个空间更通透和自由，视觉上感觉这不像是100多平方的空间，而像是别墅空间，这就是本案设计的成功之处，而利用了原天井的空间改造出了一个小学习区和一个衣帽间，而且又不影响天井的使用和采光，改造天井，又不影响天井的自然采光是这套房子设计中的点睛之笔，也是设计能力的最好体现，设计师充分理解业主对空间使用上的要求，所以设计的每个细节考虑得也都十分到位！

记得豪宅星河湾，设计师邱德光的设计里面运用的高档石材、玻璃等特别多，所以造价也自然不斐。许先生说他喜欢这样的感觉，富丽堂皇，但又要考虑节省资金成本，许先生专门拿出部分时间来研究比较节省成本的新装饰主义设计。既要省钱又要得到自己想要的空间，因为设计是要太太来使用和享受的。

在现代家居装修中，厨房不再是一个退居幕后的空间，开放式的厨房辅饰在客厅的旁边，是现代家居装修中的一种流行趋势。吊顶用镜面做了处理，条形的木质固定龙骨，在样式上增加了吊顶的美观度。现代组合式的厨房用具使得厨房简洁美观，配以复古式、镂花的餐桌，新古典主义韵味十足。

再来看一下进门处，右手边是一个隐蔽式鞋柜，造型美观大方，加上灯做配饰，和整个客厅风格协调。左手边是一个神龛，墙壁上的火，寓意着宅吉兴旺，设计师在设计的时候考虑到了家居的风水。在楼梯处做了一个隔断，避免客人在一进门就对整个房间一览无余，在视觉上遮挡一下。黑白两种颜色，巨大的色度差异，在视觉上有种强烈的跳跃性。线条明朗而流畅，基本利用直线设计成较有力度的形态，有一种洁净、直截了当的美，空间元素、色彩、照明、材料简化到最少的程度，架构由精准的比例及细部显现，不饰雕琢，金属的冷光足，强调材料质感，使得客厅的空间纯净、简洁，在喧嚣的城市里尊享宁静。

既然客厅凹凸不规整，干脆把局部配上现代感十足的家庭影院，是这种怪房子装修时的不二选择。把大片、K歌、游戏等众多解压放松方式集于一身，让业主享受高清画质带来的观感和高音质带来的心灵净化，大画面和多声道在视觉上有了精彩刺激的体验，让每一位到访的朋友都深迷其中。告诉你个秘密，这无需花费太多空间，关键是把握好音效和灯光效果。

Tips:

影音设备：投影机一台。幕布采用 16:9，大小根据设计，最大 300 寸，要求顶置吊挂安装。预埋线材要求：要求安放影音设备的位置到投影机的管线管子可以放下 2 组 HDMI 高清线，1 组 Video 线，1 组 S-Video 线。影音设备：主人对声音要求不高，所以采用飞利浦无线环绕家庭影院，其中的环绕后置音响无需布线，利用蓝牙。

书房的空间宽敞，光线充足，透明的灰色窗帘，减弱了强光直射进来，原木的地板，减少了书房的噪音，中式的镂空隔断，视野上不会太空旷，柔和的淡黄色灯光，让人易处于宁静状态，进入阅读状态。

卫生间的设计简单，纯实用性的，马赛克的墙壁，象牙白的马桶和台盆，各种功能的设备齐全。

卧室是我们身心最亲密的所在。不需要繁复的风格和华丽的色彩。简洁在这里展现得淋漓尽致，为卧室留一处纯净简约的空白，既能让卧室不会为一些完全没有必要添置的家具而显得那么拥堵，还能为以后的生活积累留出施展魅力的余地。卧室设计简约而精致，大大的床几乎占据了整个卧室。两旁的床头柜设计新颖，旁边的两盏台灯点缀出美的界限。顶面的设计是和地面相呼应的，使空间功能融会贯通 ，看起来更富有层次感。

足不出户，作业写累了，就可坐着观赏园林景色，正是很多学生需要的。绿色养眼，写个作业还需要专门的书房吗？如果爸妈需要一个书房，这家岂不需要两个书房？完全没有必要。省出空间给爸妈吧，这个小小的走廊尽头，能望到绿色的地方，悉心打造一下，原来也是不错的作业区。

Tips:

不规则房型要注意通风。中央空调、中央新风、中央净水安装到位，虽然初次装修花费比较多，但一劳永逸。

厨房净水装置最好选择弱碱性净水器，好处是其主滤芯 15 年不用更换，每个月只要换次滤芯（10 元 / 月）。

许先生很细心，怕凹凸的房型让老人走晕了，因此在走道等处放置了很软的凳子。

7. 享自然野趣——露台的亲木生活

Project Information
项目信息

设计师：
城建装饰 代星
建筑面积：
120 平方米
风格关键词：
现代简约风格
主要材料：
染色橡木，灰木纹大理石，工艺墙纸，喷花茶镜等
改造亮点：
客厅及书房门，户外露台

买下这套底层房子的最大原因，
就是因为窗外正对着的小小庭院。
这个半公半私的小花园，
虽说是公共绿地，
却因为处于小区死角而少人光顾，
俨然成为了谢小姐的私人花园。

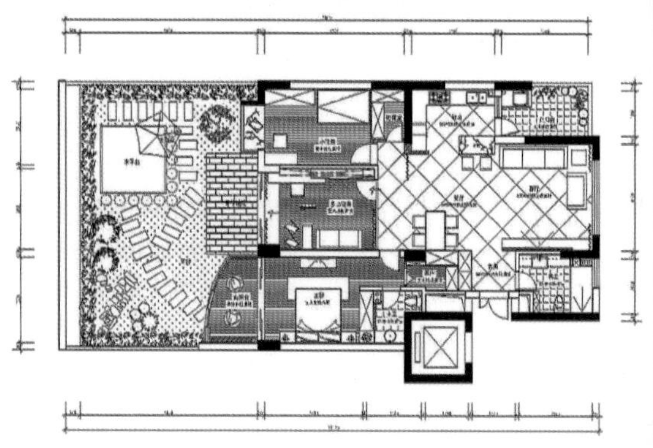

如此美景当前，当然需要利用足。“不须迎向东郊去，春在千门万户中”。设计师将客厅和书房对着花园的窗拆除，将书房设计成玻璃移门，客厅设计成折叠开门，最大限度地引入春光。

敞开式休闲生活

有了如此开阔的“门户”，客厅的设计主题也变成了休闲敞开式。客餐厅利用白色的简洁，与橡木染色后的深色做为对比，穿插一些过渡的咖啡色，让自然的木色沁入房间每个角落。

客、餐厅公共区域主要着重于面与线的结合，开敞式厨房以吧台做为与客餐厅间的过渡与分割，功能分区既相互独立又相互贯通。

书房的电视墙与书桌、书柜作为一个整体，体现出现代家庭生活的主题——休闲：看电视，读书看报，听音乐，网上冲浪等，身心在这个空间里可以得到无限放松。

半户外木平台

为了让户外的绿色更多地引入室内，设计师还在书房划出一块区域作为半户外空间。书房功能区与休闲功能区采用落地玻璃做成间隔，让整个空间更为通透明亮，空间得到进一步的拓展。而书房与外面的露台内外呼应，透着谢小姐对于大自然的无限遐想。

户外木生活

春夏之时，谢小姐和她的家人开始钟情于户外活动。在小院里支起一把凉伞，摆出一套桌椅，便拥有了一整个闲适的午后时光。

户外家具和地板的出现，不仅延伸了室内的生活空间，更让谢小姐与自然拉近了距离。在枝繁叶茂的花园里，谢小姐添置了整套户外木质家具。有了它们，全家可以围坐桌边，共度美好时光，近距离感受自然。

谢小姐的户外木产品购买经验：

与室内家具相比，户外家具最突出的特点在于材料及对家具零部件的特殊要求。因为它们长期放在户外，风吹日晒不可避免，所以要做好家具有一定的变形和褪色的心理准备，木做的户外家具不易变形，一般木材多是选择杉木和松木。柚木是最适宜做户外家具的，它带有特别的香味，能驱蛇、虫、鼠、蚁，但是价格比较昂贵。在户外家具部件的连接上，一般是榫接或者金属件连接，金属件连接相比之下更坚固，然而做得好的榫接不但牢固，还能增加结构的稳定性，也更具有田园的自然和结构的美感。不过，再好的防腐木材仍然会有变形的情况，因此，在铺设户外防腐木地板的时候，需要做成留有缝隙的地板，最好像镂空的一样一块块架起来，以便随时翻开，方便清洗或者捡拾掉落的东西。

● 户外木家具

购买木质户外家具时，要注意是否做过防腐处理及表面是否涂过透明漆，因为上漆处理可增强防潮能力。不过，不管是否已上漆，买回家后最好还是自己再上一层透明漆或防腐漆，之后 2 ～ 3 个月上漆 1 次，可延长使用年限。

● 户外木地板

防腐木地板的价格比起普通的实木地板稍微便宜些。挑选防腐木材，也要选择有品牌、比较正规的产品， 这样才能在质量和环保上有保证。

8. 姑苏城内的水莲花迹遇——15 平米成就水景园林

Project Information
项目信息

设计师：
城建装饰 宋蓓
面积：
120 平方米
户型：
三室两厅
主材：
紫檀木饰面，石材墙面，仿古砖，巴洛克实木地板，进口墙纸
风格关键词：
新中式风格
设计亮点：
露台水景、花窗
改造亮点：
将书房门移至卧室内、露台

不出城郭，获山水之怡；
身居闹市，有林泉之致。
这是安子多年的梦想。寻寻觅觅，
终于在苏州最繁华地区安家。
住在苏州，出门、推窗，
一不小心就会与经典相撞。
安子的小区隐匿在苏州古城区绿荫遮掩的
静谧深巷中，
旁边就是著名的拙政园和狮子林。
诸多“经典”紧邻，如何着手打造？
想来，设计师接下案子时
应该有点沉甸甸的感觉吧。

“我要在房间中引入苏州园林式的水莲花和生活方式。”设计师和安子一番商量之后，将江南园林的水汽氤氲与现代都市生活的便捷舒适完美融合，真正成就了“大隐隐于世”的生活梦想。

趣味·门廊

做简约中式风格，除了对古典中式形貌上的延承外，更重要的是对那份意趣的把握。中式的庭院，尤其讲究一窗一景、一门一境。透过花窗、穿过月亮门，常常有一番绿色的惊艳境遇。而在这里，我们也从门的处理上看到了精彩。

进门处，就是一个入户花园概念的阳台式走廊。设计师舍弃可开合的门，取中式园林常用手法，做了一个雕花月亮门。几丛疏竹、几盆吊兰装饰入户玄关，处理成端景的样子，形成如画框般的感受。

而卫生间的门，既是移门，又是古意盎然的版画，和莲花般的洗手盆呼应，让卫生间充满意趣。

由于扩大了露台花园的面积，书房的门改成从卧室进入。为了不破坏卧室电视背景墙的效果，将门做成冰纹玻璃屏风式样，在电视背景墙两边对称设立。关起时，就是电视背景墙的一部分，而洞开时，也有别样的美丽，营造犹抱琵琶半遮面的意境。

水莲际遇

设计师宋蓓觉得，全然复制中式传统会显得压抑、沉闷，已然不适应现代生活的要求，只需别致的园林符号点缀，就会让房子蕴含水乡情调。设计上，紧扣莲字诀，卫生间的双台盆如两朵莲花娉婷盛开，古朴的杉木板台面如甲板一般，既增添水乡韵致又节约成本。

Tips：

阳台水景构件要点

1. 舒适水世界

适当的水景构造，能起到丰富空间环境和调节小气候的作用，增强居住的舒适感；同时，水还是生态环境中最有灵性、最活跃的因素，将水、绿色植物、雕塑作品有机融合，会让人有回归自然的感觉。此外，大面积水域还能吸收空气中的尘埃，起到净化空气的作用，对健康大有裨益。

2. 水景根据空间大小确定

选择什么样的水景应该根据房子的整体风格来确定。复式或有入户花园的房子，可选择在楼梯拐角、入户花园或者休闲阳台的一端做水景。露天阳台和屋顶花园也是个好地方。客厅面积大又没有休闲空间的，可以在客厅角落辟出几平方米来做水景，形成一个休闲区域。

3. 源头活水来

水景最关键的设计环节是水质的清洁。一般的水墙或水池可以使用大的水循环系统，水泵可使水不停循环，这样就不需要进水口了。如果需要排水，可直接接在排污管道里。如果没有下水道，可以直接用软管排出室外。排水口和水池底层都设有过滤网，以过滤杂质，保持水流清洁。

9. 不规则生存——半墙式空间分割格

Project Information
项目信息

建筑面积：
109 平方米
户型：
复式
设计师：
城建装饰 周文凯
装修关键词：
楼梯
主体风格：
解构主义
改造亮点：
玻璃扶手楼梯、半墙式空间分割
主要材质：
石膏板、木等

如果房子的正中间
是闹心的巨大楼梯，
如果赠送的阁楼层高过高
每间房间空间过大，
做睡房心无着落，
你还会对它有期待吗?
有了周文凯这样的设计师朋友，
张斌还是把它果断地买了下来。

第一次来这个复式房时天已经全暗了下来。那天坐在客厅的大沙发里，楼上楼下，餐厅、厨房，所有房间里的灯光都从四周落下，洒向我的身上。享受着来自四面八方或明或暗的光束。横亘在底楼中央的楼梯被安上了玻璃扶手，几近轻灵透明，客厅与餐厅厨房几乎形成了一个无碍的通透空间。房间中最多的是玻璃。有建筑本身就带有的，也有设计师后加上的。落地玻璃窗，整面整面的玻璃墙，还有楼梯上的玻璃扶手……在这里，空间都是呼应的，光线和视线连贯着整个空间。

玻璃的位置和大小都极讲究，恰好能让你在各个功能区中最隐私的生活不被打搅，却又让你无论身处哪个空间，视线都能无碍地落到另一处，享受邻近空间、甚至更远处的房间里，某扇窗户外射来的太阳光芒。整个底楼空间内，每个空间都不是孤立的，即使在楼梯上、餐厅里，你也能在某处地方和家人两两相望。

不规则生存

不规则的设计，这是二层空间留给我的最大印象。主卧是充斥着斜墙的空间，屋顶、窗框，斜面与斜边互相交错着，你几乎有点站立不稳，讶异空间的狡猾多变。但是，经过各处巧妙而不同的处理，空间立刻复归平和。卧床的背板做成了和顶面呼应的斜边型，建立了不规则中微妙的平衡。

顶面过高，就再搭一层平台，斜式的楼梯直插向屋顶，一点点的改动，一点点的因势利导，让空间在不规则中充满灵动。在这些巨大的不规则中游走，却没有一丝一毫的不妥与倾斜，整个卧室空间里充满绝妙的几何张力。

两个卧室都有点大而无当。但如果分成两间又会显得狭窄逼仄。设计师巧妙地利用了半隔墙作为功能区的分割，又作电视背景墙之用。分出的空间用来做瑜伽室和书房刚刚好。

10. 越夜越美丽——半地下室改造

见过这个都市里
夜晚的 PARTY 动物吗?
白天蛰伏,晚上出动。
夜上浓妆,向灯火热闹处进发。
砖头就是这样典型的夜间动物,
不过有一点不同,晚上他不去酒吧,
不去舞厅,他去楼下。
砖头家的房间让开发商赠送的地下室
变得风光无限,假日里的 HOME PARTY,
让宾主都玩到 HIGH。
他说,小周不会让他失望的。

Project Information
项目信息

房型:
一室一厅
建筑面积:
平层 41 平方米
改造重点:
半地下室
适合人群:
前卫艺术工作者
不适合人群:
老人、小孩等行动不便者
主体色调:
流行的糖果色
色彩难点:
撞色系的运用(对比色)
设计:
黄文彬、赖仕锦(高级注册室内设计师、缤视智造设计总监)

地下挑空中庭

41 平方米的一居室，附赠大约 61 平方米的地下室，如此美事在房价飞涨的上海简直是房产促销的奇迹。如何让地下室发挥更大的作用使之适合居住，成了户型设计的重点。原先的一层为一室一厅结构，户型紧凑。对于二人世界来说，两层共 100 多平米的居住空间已然足够，生活的舒适度比面积更加重要。为了让地下室有更好的通风和采光条件，砖头与设计师达成共识：牺牲楼上的一间客厅，将楼板整个打通，让楼下的酒吧聚会区域成为挑空中庭，与一层共享工作阳台的阳光与新鲜空气。这样一来，层高不高的地下室立刻显得透亮了许多。

惊艳玄关

由于空间限制，无法做进门的玄关。所以进门即见的挑空中庭的背景墙和扶手设计就变得更加重要。斜式设计的绿色墙面搭配晶莹的玻璃扶手，让中庭更多了现代感。而立体感十足的水泥板造型墙，也让进门处有了惊艳效果。并且，玻璃扶手和造型墙上的LED的灯带满足阴天或傍晚时的照明需求，让地下和一楼走廊的明亮度变得更大。

Tips：

跟砖头学耍炫

地下一层是聚会的主要场所，怎能缺少炫酷的设计元素来为聚会助兴？前卫的设计、大胆的用色以及舒适度和自由感成了地下室设计的主旨。

方法 1：色彩玩冲撞

撞色是近年流行的热点。绿色和紫色分别是砖头和妻子最喜欢的色彩。两个看似八竿子打不着的强烈色彩在房间中搭配得天衣无缝。一层，翠绿的墙面从一层挑空中庭延伸至地下，深紫色的卧室和厨房分列中庭两边，给人强烈的色彩印象。随绿色楼梯拾级而下，餐厅餐椅与软装都用了惊心动魄的红绿撞色搭配，让面积不大的空间变得充满视觉惊喜。

方法 2：炫酷主题

砖头为客厅定下了炫酷的军事主题，爸爸亲手制作的绿色“军火箱”和菲利普史塔克设计的枪灯成了绝配的装饰，以呼应妻子最喜欢的绿色墙面。

Tips:

解惑地下室生存法则

设计

由于地下室一般层高都只有2.5米左右，会显得很压抑。应尽可能地少用隔墙和门，让整个地下空间连为一个整体，弥补高度的不足。

问题

地下通风和采光不佳，应避免过深的颜色，并使用反光材料。在此案例中，设计师将隔墙做到最窄，以共享到南北阳光房的采光。钢板墙也充分反光，为没有采光的餐厅增亮。

11. 盗梦空间——躲在墙后的梯度空间

Project Information
项目信息

设计：
1917
风格：
现代简约混搭中式元素
房型：
带楼梯的小复式房
改造亮点：
楼梯空间的处理和应用
色调：
黑白灰
装修亮点：
灯光的层次分割

但凡有楼梯的小复式房，
都会有此种纠结：
楼梯在客厅的显眼位置。
即使花了巨资去把楼梯做漂亮，
你最终依旧只能有两个选择：
在楼梯下放沙发或者放电视，两者挑其一。
于是，楼梯占用了空间、破坏了视觉，
复式变成了心事。

范小姐的这桩心事又比别人更纠结一些，因为她的楼梯在一楼客餐厅的中央。“楼梯在中间，把房间弄得简直像商场一样！”请装修公司设计了几套方案都不理想，急着住，那就咬咬牙，动工吧！可装修到水电阶段之后，去了几次施工现场，觉得原来的设计造成了太多空间的浪费，终于决定不能将就了。果断换公司，换设计，这才有了现在大大改观的“盗梦空间”设计。

Centimeter
Centimeter

隐蔽式二度空间

设计师在对楼梯一番纠结之后，终于想出了现在的方案：隐蔽式的二度空间。将楼梯贴墙，并完全藏到后面。原来的楼梯在客餐厅中央，设计后把它改到了书房区，整体抬高做第一级踏步。踏步前，再做一面墙，将电视镶嵌其中做成电视背景墙。而楼梯前的区域，用来做成一个儿童游乐区。原来楼梯的位置作为了现在的储藏间和衣帽间。

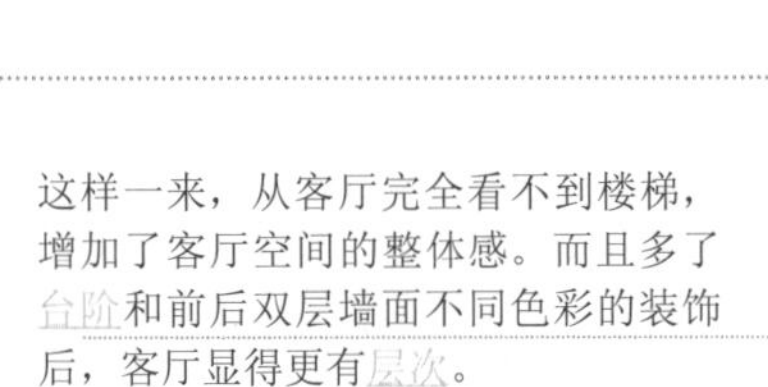

这样一来，从客厅完全看不到楼梯，增加了客厅空间的整体感。而且多了台阶和前后双层墙面不同色彩的装饰后，客厅显得更有层次。

楼梯转角平台的利用

因为原先楼梯的局限性，原来楼上的卧室很小。楼梯改动到一边后，楼上区域改造后就成了业主自己的私人区域。主卧连主卫，再加上一个超大的衣柜，让楼上的生活变得更加舒适。

由于楼梯位移，楼上多了一个小平台。设计师利用楼梯间的这个小小空间做了一个小的休闲套间，兼具书房、视听投影室和阅览区的多重功能。从书架前的顶部嵌槽拉下投影幕，就成了视听影音室。现在，这个不经意的设计成了全家最喜欢的私密角落，女主人最喜欢在这里的飘窗边出神看风景，而男主人则喜欢在这里听音乐看碟。

混搭风格

女主人希望整体感觉现代一点，但又不失沉稳，喜欢有一点中式的元素。所以客餐厅地面比较大胆，用深咖的地砖，墙面用米灰色。客餐厅隔断溶入一点中式元素的味道，包括单椅上面的抱枕、几处蒲团、进门玄关柜上的画、烛台等。

12. 在路上——卧室 + 瑜伽房，美厨 + 酒吧，阳光房 + 餐厅

Project Information
项目信息

设计：
1917
风格关键词：
乡村美式混搭东南亚
装修关键词：
打造多功能空间
装修亮点：
卧室 + 瑜伽房，美厨 + 酒吧，阳光房 + 餐厅
主要色调：
曼妙的红紫色 + 点缀蓝绿色
空间改造：
2 层迷你别墅改成 3 层

读万卷书，行万里路。
罗小姐是圈子里资深的背包驴友，
在洛杉矶帕萨迪纳地区读书工作了很多年，
又在东南亚背包旅行一年，
积累满满的人生经历。
回到家中时，也希望有“在路上”的感觉。
于是，和设计师一番商量以后，
一个乡村美式混搭东南亚的家就这样诞生了。
“旅途感并不只停留在装饰和风格上，
生活方式才是最能唤起你渡假感受的本质所在。
所以，在功能上的混搭让我的房间更像是一个
大房车，一座度假屋。”罗小姐说。

卧室 + 瑜伽房

美式风格也能玩转东南亚风情 ，虽然客厅是纯正的美式风情，但一切风格都在私密的主卧内作巧妙转换。

主卧舍弃了常规的木门而改用 ，若隐若现，似有无尽的香艳等着你去探究、去了解、去深入。挑开门帘，整个房间风情万种，软硬体的完美搭配也体现了浓郁的装饰艺术，同时兼顾了生活机能的合理性，营造了浓郁的东南亚风情。

门帘跟墙体做对比，设计师采用了渐变的色调处理，红色的三个层次，明度的不断提升，使整个空间更有层次感。

楼梯上，是女主人的瑜伽室。拉上窗帘，一切都如此宁静，在这里练习瑜伽，是个修身养性的好地方。而主卫纱帘轻悬，更是极具东南亚的浪漫与旖旎。

“在家和在旅途中最大的不同就是，在外吃各地美食，在家自己给自己煮吃的。所以，一定要打造一个可以煮出世界美味的异域厨房。还要有个吧台，让我感受在欧洲旅行时在小镇酒馆里消磨的那些美好夜晚。”

美式田园风的橱柜，使厨房多了些淳朴的乡村气息。厨房的中岛柜，同时有收纳和区隔空间的作用。开放式的厨房配以温暖的灯光，让女主人下厨时心情舒爽，也使整体空间显得高贵而大气。

吧台原本是厨房，设计师隔出来一部分做吧台，做了一个隐藏移门。整个设计不仅满足实用功能需要，更显得大气。

进入吧台，仿佛让人置身一个美式的乡村酒吧，休闲随意。吧台和门框镶嵌的石头，是女主人从世界各地淘回来的，充满旅途的回忆。吧台上的蜡烛灯闪着暖暖的光芒，坐在高脚凳上，倒上一杯鸡尾酒，久久回味，让人无尽迷失在这美式的乡村酒吧里……

阳光房 + 餐厅

在帕萨迪纳的日子里，女主人对那里商业街里露天和室内结合、步行街形式的购物中心深深迷醉。“即使上海没有沙滩海滨，也要有阳光度假屋的感受，要有户外用餐的情调。”

家庭起居生活厅，是最常用的地方，紧邻客餐厅。“客厅餐厅一般都给客人用，全家都喜欢在这个阳光生活厅里用餐、看电视、晒太阳。这里，是全家最惬意的角落。”在这里，藤艺家具与餐厅的收纳相互呼应，让人感觉天然舒适。藤艺的沙发和茶几总会让人感觉舒畅。花拼的瓷砖和沙发靠垫采用的都是同一种色调，丰富的色调给人美式乡村的感觉，同时也预示了主人多彩的人生。

异域风格的多种表情：

该案例共分为四种风格混搭，不同空间根据功能及使用者气质品位区分为多种风格。

（1）客厅、餐厅、公共空间：客厅是主人的待客之所，选用传统的古典美式（偏乡村）来表达空间的大气、尊贵及隆重的感觉。

（2）阳光房休闲厅：这是主人家庭起居生活的厅，也是最常使用的地方，因紧邻客餐厅，所以设计师定位它的风格是家庭化的、休闲自由的美式，色彩更趋个性化，风格更为轻松随意。

（3）二楼是男主人的书房：男主人极爱读书，可谓书虫，因为这套房子层高比较高，装修时候特地加盖了这“层”。所谓层，其实只有个阁楼，就是专门为书房辟出来的。男主人是理性沉稳的个性，因此他的书房所呈现出的是蓝色的现代美式的格调，阳光、热情、现代！

（4）三楼主卧室：女主人是一位极具名族风情气质的优雅女性，因此主卧室营造的气氛是非常符合女主人气质的名族风。豁达的女人并不多，而她，原本可以拥有较大的卧室，牺牲了部分作为“书房”，她的卧室自然不那么宽敞。所幸，她是简单之人，一张大大的床正是卧室的精髓所在。东方的浓郁浪漫迷漫整个空间，东南亚的香艳格调，于大俗大雅之间夺人眼球。

13. 看得见风景的天顶——抬头精彩各不同

Project Information
项目信息

设计师：
城建装饰 周洋
建筑面积：
130 平方米（1 层客厅，2 层卧室）
设计亮点：
花样吊顶
改造亮点：
夹层改造成休息室

林嵘说，
他是有屋顶情结的。
小时候住阁楼，矮矮的斜屋顶，
小小的老虎天窗。
盛夏和哥哥一起躺在擦得光光的木地板上，
夜晚仰望星空，白天看鸽群飞过。
在买房时，心心念念寻找记忆中的斜屋顶。
复式的空间，挑高的斜顶，
比原先的阁楼自然好了许多。
但要让屋顶也有别样的风景，
也让林嵘和设计师着实花了一番心思。

恋恋暖冬

在一个既定的空间里，如何才能表达出简约而不失精致典雅，舒适而不失大气的意境呢？为了使空间表达出简约而不失精致典雅、舒适而不失大气的意境，设计师在材料上选用了纹理比较简洁的米色砖来寓意阳光，然后结合温馨墙纸及带有丝丝暖意的木材天花和冰冷刚硬的不锈钢材质再与黑色家具一同来渲染出冬日的感觉——从而带给家居中更多的是惬意和浪漫。

天顶的精彩

设计师将立面及顶面处理成最简练的直线元素，使客厅形成一个开阔的视觉空间。通过色彩及饰物的搭配，给空间融入时尚感，制造一种浪漫而细致的格调。客厅布置了较多的灯光效果，利用光影的变化，造就空间的不凡，客厅墙面为暖和的墙纸和米色石材，增加空间的质感，清爽干净中又有浪漫柔和的氛围。现代简约风格在此中体现出别致的韵味。整个空间随处可见现代时尚的装饰语言，但都被融入整个空间风格之中，更透露出舒适和谐的触感。

细节放大：花样吊顶

吊顶在整个居室装饰中占有相当重要的地位，对居室顶面作适当的装饰，不仅能美化室内环境，还能营造出丰富多彩的室内空间艺术形象。本套设计选择了多种方式的吊顶处理，值得大家参考借鉴。

杉木板吊顶后上白色木器漆

平面式

平面式吊顶通常表面没有任何造型和层次，这种顶面构造平整、简洁、利落大方、它常用各种类型的装饰板材拼接而成，也可以表面刷浆、喷涂、裱糊壁纸、墙布等。用木板拼接要严格处理接口，以防开裂。

凹凸式

凹凸式吊顶通常叫造型顶，是指表面具有凹入或凸出构造处理的一种吊顶形式，这种吊顶造型复杂富于变化、层次感强、适用于厅、门厅、餐厅等顶面装饰。它常常与灯具（吊灯、吸顶灯、筒灯、射灯等）搭接使用。

木地板吊顶并做成假梁，嵌入灯槽和筒灯

有反光效果的银铂墙纸吊顶

井格式

井格式吊顶是利用井字梁或一字梁，因形利导或为了顶面的造型所制作的假格梁的一种吊顶形式。配合灯具以及单层或多种装饰线条进行装饰，丰富天花的造型或对居室进行合理分区。

木贴皮包裹假梁造型，梁上嵌入射灯

艺术木框造型悬空吊顶，内置射灯，制造光影效果

悬吊式

悬吊式是将各种板材、金属、玻璃等悬挂在结构层上的一种吊顶形式。这种天花富于变化动感，给人一种耳目一新的美。常通过各种灯光照射产生别致的造型，充溢出光影的艺术趣味。

玻璃式

玻璃顶面是利用透明、半透明、彩绘玻璃或镜面作为室内顶面的一种形式，这种主要是为了采光、观赏和美化环境，可以作成圆顶、平顶、折面顶等形式。给人以明亮、清新、室内见天的神奇感觉。

14. 美树净空间——纯白色梦想

"30 岁了，
还是一张白纸。
但那个白已经不是 14、5 岁的惨白少年。"
在一个成熟的年龄，
去坚定地保有内心的纯真、
去抗衡世俗的价值观，
需要勇气；
让房间保持四白落地也需要勇气；
再搭配白色的家具，
更是一种胆识。
设计师和杨先生一番沟通，
将房间的主调定位"纯"。

Project Information
项目信息

建筑面积：
88 平方米
设计：
室内建筑师 黄译
设计特点：
将文化、美学、现代潮流三位一体地注入空间设计，通过经典元素折射个性品味
色彩关键词：
纯白色
改造亮点：
玄关、厨房、卫生间干区的联通合并

光的树

户型上最大的缺陷就是进门的暗走廊和玄关。设计师将原先卫生间的墙壁打通，干区和玄关合并，原本压抑的玄关空间被彻底打破。而卫生间与厨房连接的墙体也被落地玻璃隔断取代，间接的引光入室，成为视觉和空间延伸开阔的关键。而信手拈来的树木将玄关、干区和厨房三个空间充分融合，又以自然的气度挥发，让原本素净的厨卫空间平添活泼气氛。而厨卫的玻璃移门也为暗淡的走廊增添了明亮光线。

Terrace
BAR
LIVING ROOM
DINING ROOM
KITCHEN
MASTER BEDROOM
BATH ROOM
STUDY ROOM
BEDROOM

空房间

开阔无压的放松空间是身处都市丛林的现代人，最棒的纾压享受。面对使用面积不足百平米的公寓房，回归纯净和开阔成了杨先生的心愿，希望保留其室内空间既有的敞朗大气，设计师采用隐喻的空间分隔手法，且大胆留白，让空间被充分利用、被享受。

步入厅内，一袭宁静、柔美的纯洁景象扑面而来。设计师摒弃了复杂的造型，提倡精简的构架。空间内的“装修”痕迹被减到最低，极少用材料去塑造气氛，强调以统一的比例造型及色彩去完善空间。餐区及客厅部分，保留原有顶面，采用白色的曝露灯具，仅利用“L”型的吧台划分空间。

简洁利落的吧台配以立面上轻盈的造型隔板，自然的形态成了屋内小资格调的区域。对于家具，无论固定或是可活动的家具，其设计都充分结合了“横平竖直”的建筑语言，收纳柜一律以暗扣手设计制作，丝毫没有突兀感，让固有造型变得与生俱来。

纯白色

看惯了艳丽豪奢，适时的出现“平简洁”，纯白反而成了一种奢望。白色是诚实的颜色，它还原空间最单纯的样貌，没有一丝累赘，屋内的白色并不死板，墙体的处理比例得当，充满张力，加上点光和面光源灵巧的组合，让白色柔和地表达闲逸清畅的生活态度。

空间设计不在于面积大小，而在于巧妙规划使用者的需求，取得最顺畅的动线以及视觉的宽敞感。纯净洁白的写意空间，逃脱既定或豪奢的框架，随性而无拘无束的圆融，是这套家居设计的意义。

15. 原色木生活——玩转纯木八角餐厅

Project Information 项目信息

设计：
翰高融空间
风格关键词：
现代简约、原木色系
面积：
70 平米
改造亮点：
八角餐厅、客厅 + 书房、卧室储物
主要材质：
木

岁月会褪尽浮华，
沉淀下的只有淡淡的优雅；
我们的眼睛会厌倦浓艳，
只有亲近自然，
是永恒不变的追求。
茉莉在亮晶晶的写字楼里呆久了，
慢慢地开始喜欢简单的木色质感。
不论是精致的，或是"粗糙"的，
都让生活多一分天然。
郊区的两室一厅，
在茉莉手里焕发了自然的质感。

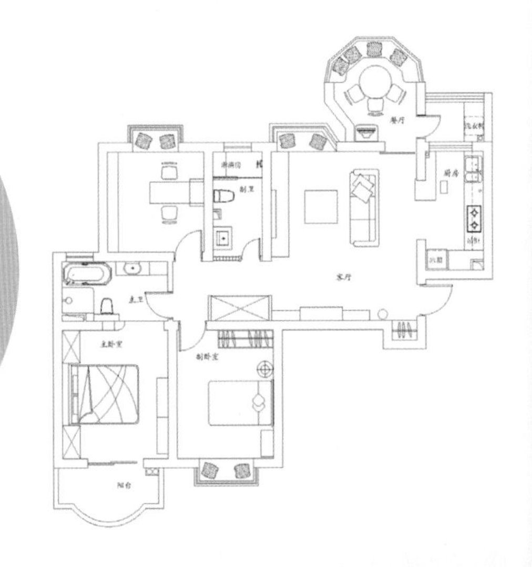

室雅何须大

这房子带一个八角房，面积并不算大。不过，在空间利用上物尽其用的设计让茉莉游刃有余。

简单大方的客厅，中式古典太师椅与极具现代质感的沙发巧妙融合在一起，透出淡淡的禅意。没有书房，茉莉选择的客厅柜兼具书架和写字桌功能，看上去简约，却能承担整理、收纳的重任，让客厅和书房功能同时拥有。

没有餐厅，于是把八角亭子间改造成餐厅。独特的八角造型，餐桌椅做成卡座，不仅美观，更是储物空间，成为一道亮丽的风景线，朋友来了可以围坐在这里聊天吃饭。

小小的卧室实际面积仅 11 平米，无法放置传统的衣柜。聪明的茉莉将衣柜安排在床头柜的位置，巧妙地解决了衣物的储藏问题。

Tips：
细节放大看：
书架式厅柜

客厅柜不再是传统那样千篇一律、体积笨重的大家伙。而是越来越时尚多变，开始与生活方式息息相关。整齐的布局，明确的分类区隔，类似一格一格的书架组成的书柜式客厅柜，整理能力超强，书籍、收藏品、CD 都可收纳其中，让整个客厅在整洁中显出丰富。所有的东西一目了然，整理起来也会更加方便快捷。这款厅柜拥有简约的造型，白色的柜体，使它成为最为百搭的厅柜款式。多层的隔板可以根据需要随意调节层板高度。中间木质结构的加入，打破了白色框架的沉闷，简单的设计中充满变化。

不同色彩的上下柜

如果渴望在宁静中又有活跃的气氛，那么就给橱柜来一点变化。清澈的木调，自由地舒展疲惫的心灵。 间或使用的白色避免了大面积的木色带来的沉闷。上下柜两种不同的颜色让色彩显得均衡又各自完整。

岁月侵蚀的古朴木纹

自然有多少种形态，原木家具就有多少种姿态，茉莉在房间的多处都选择了原木的材质，粗犷的木吧台、小清新的卧室搁架、手工感十足的矮木箱……在保持天然木纹的同时，又在色调上有所变化。那么哪些木材适合粗糙风格的家具呢？

榆木

榆木的花纹美丽，结构粗，木性坚韧，具有通达、清晰的花纹。它的色彩质朴，让人望去有种宁静的感觉，很适合制作形状古拙的家具。

榉木

榉木通常为直纹，纹理紧密均匀，具有良好的钉、胶固定性能，干燥速度快，但易出现翘曲、开裂的现象，表面容易出现裂纹，更适合做风格粗糙的家具。由于它无味无嗅、非常环保而深受人们青睐。

适合粗糙风格家具木材

松木

松木材质略重，硬度中等，纹理较直，抗弯力大、耐腐和耐水性较强。它有一种田园恬静感觉，浅浅的颜色易让人放松心情。

16. 老屋奢华换妆——重软装，轻硬装

Project Information
项目信息

户型：
二室二厅
建筑面积：
89 平方米
设计：
云啊设计
主体风格：
新古典
主要材料：
墙纸
BLST、迅成
墙漆：
宣威
沙发、家具：
美式
画：
180~500 ¥每幅
洁具：
科勒
墙砖：
意大利蜜蜂
腰线：
雅素丽
雕花移门：
定制

有些古典，有些奢华，
有些精致，有些大气……
房价日涨，
用父母旧宅当婚房的也越来越多。
这套房原本也是父母住的房子，
深色中式风格的家具加上传统的装修，
四白落地的墙面，
是7、8年前最流行的装修风格，现在看来已经过时。
门套、地板样样完好，却都是毛毛不喜欢的风格；
吊顶射灯壁柜件件齐备，却总不尽如人意。
推倒重来花费太大，
何不改造加以利用，
以降低装修成本？

旧房改造并不只是重新刷漆，更需要装修亮点能让人耳目一新。这个房间中，较花费精力打造的，就数客厅中的雕花玻璃柜门了。这面客厅壁橱的移门，兼具背景墙的功能，用雕刻板和茶色玻璃还有铝合金框定制而成，价格虽然有些小贵，但效果却相当出众。有了这面新装饰主义的花板柜门，房间立刻多了几许柔媚的时尚风格，也为整个房间定下了奢华的欧风基调。

只用了几万元，原先沉闷古旧的父母家就被改造得如此惊艳。奢华的欧式古典风格却所费不多，除了把控材料成本之外，毛毛自有省钱妙招。

客厅换妆：

1. 原先的电视位改成了沙发位，使沙发位不再侧对着过道，增加私密性。
2. 用木线条结合墙漆做出沙发背景墙，增加层次感。
3. 将移门上的搁架拆去，木框玻璃移门改成百叶门，配合遮光帘，以调控客厅进光量。

门厅换妆：

1. 将影响进出的中式座椅改成宽度较窄的西式边柜。将中式花鸟图改成油画。
2. 墙面改成暖色，做成墙纸和“护墙板”相结合的效果。

将原先的沙发位变成了壁炉，原先的中式椅改放了边柜，进门后的视线变得更加通畅和漂亮。水晶灯和与之搭配的刻花推拉柜门，成了客厅的一大亮点。宽木条和涂料墙搭配，制造出沙发后整面护墙板的效果，让客厅区域的墙面有了不同的变化。用墙纸和木线条、涂料搭配，制造出半幅护墙板的华丽欧式墙面效果。

餐厅换妆：

1. 用吊灯代替吸顶灯箱，以降低光源，增加餐桌照明亮度。
2. 增加壁柜面积，把装饰柜改造成衣橱，存放过季不穿的衣服和被褥。

带有微微反光的金色窗帘，在夜晚开灯时，给客厅以华丽的舞台感。欧式装修风格要体现华丽的感觉，往往靠金银等闪色来点睛。传统的欧式风格意在打造宫廷式奢华感觉，在家具上都会使用包金、包铜等金属质感的色彩，带有金粉装饰的墙纸也能让房间显得金碧辉煌。但是这样一来，硬装成本会高居不下。其实硬装和家具大可不必投入太过，真正让房间显出奢华感的主角，往往是软装。虽然欧式的饰品和软装，相比一般风格也要贵一些，但和硬装、家具相比，投入还是相对较少的。有时窗帘和靠垫费用增加千元，要比买一个上万的皮沙发更能体现出奢华的效果。

虽然是沉稳的色调，但斜铺的方砖和金色的圆镜在斜线和弧线的交错之间，给卫浴空间带来活跃的氛围。这里尽量缩减家具成本，保留了一些带欧式元素的老家具，如餐桌、餐椅。铺上桌布、换去椅垫，只小小的几百元投入，就立刻让餐厅有了与刻花移门相匹配的欧式感觉。

而在软装上，毛毛选了金色系列：客厅的金色窗帘、自制家具选配的铜拉手、卧室的金色的相框，轻纺市场淘来的金丝编织面料，配上穗状装饰裹边后 DIY 的靠枕……整体花费不多，却为房间带来奢华的闪色光泽。暖棕沉稳的调性、雕花高床，暗花墙纸，让卧室也流露出奢华的感觉。

保留，再利用

以前的装修，门套工艺和踢脚线本身就比较复杂，与欧式风格有些共通之处。于是完全保留后刷上乳白色，立刻有了欧式的感觉。

少用墙纸，巧代替

墙面若都用墙纸和护墙板价格过高，不妨直接在墙上贴木线条，结合墙漆，完全可以制造出类似“护墙板”的效果。而且，还避免了墙面木材过多而产生的甲醛污染。而在书房中，墙纸也不满铺到顶，而是以画境线分割后留出上半部分刷涂料。去除这些涂料面积后，需要贴墙纸的墙面就变得少了很多，费用自然也就大大降低了。另外，配饰并非越贵越好，旅游时淘来的精致小件为房间增色不少。

17. 加减生活——裸露的魅力

屋主是活跃于传媒界的编导、导演，
屏幕上制造光影变幻的斑斓故事，
回到家，
就更想展示最真实的一面。
生活需要加减法，
空间也一样。
在空间本身上做加减，在装饰上做加减，
一切的诉求来源于
主人对于自然生活状态的描绘。

Project Information 项目信息

建筑面积：
90 平方米
设计：
黄译
户型：
二室二厅
主要材料：
文化石、锈岩砖、橡木、清镜、壁纸
主要色调：
黑、白
改造亮点：
将工作阳台改为餐厅，将餐厅改为更衣间，门洞置换
所获奖项：
中国室内设计金堂奖（最具生活价值）优秀奖

置换

2 室 2 厅的公寓房，屋子净高 2.6 米，使用面积只有 60 多平米，我们摒弃了条条框框的装饰手法，大胆地打破格局。硬装上我们做减法，灵活运用立体构成的思维，不仅让收纳空间没有丝毫的突兀感，更让开敞的空间内承载了不同元素的激烈碰撞；由于主人的工作原因，大量的外拍和快节奏的生活方式，让他们无暇在家中大展厨艺。2 平米的工作阳台被充分利用为主人的餐厅，灵巧地和厨房融为一体，加上落地玻璃的整面采光，让偶尔在家用餐的主人能依窗而坐，静享远景。搭配红色窗帘，黑白中突如其来的一抹红色，男主人个性特色窥见一斑。原建筑规划的入户即见的餐厅位，则被设计师规划为女主人钟爱的大衣帽间；设计师以极简的手法处理玄关背景，仅以一盏经典的吊灯调和过渡空间的趣味。

裸露

“我们不需要教条的装饰，客厅中所有装饰都要裸露出最个性最自然的面目。”裸露成了客厅的特色之一，设计师在硬装上做减法，以干练的建筑手法规划空间的每一细部。经典的黑、白、灰奠定了空间主色调，充分的留白为软饰的搭配埋下伏笔。电视背景白色的文化砖是主人的得意之作，仅数百元，在淘宝即可买到。

地面的哑光深色锈岩砖和粗糙质感的白色文化砖形成鲜明对比，空间质感强烈。主人喜好看书和搜集影碟，客厅是它们和主人共同的舞台，书架被安排在沙发后，可供随手取阅。墙边矮柜上的老爷车、洋酒、装饰画、照片组合等一切的装饰都是信手拈来的物件。

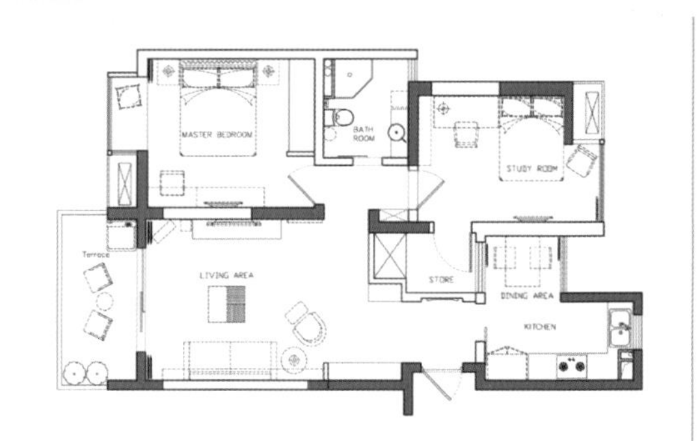

一把古朴的藤椅在空间中格外夺人眼球，皮质沙发再搭配豹纹靠垫，大面的试衣镜被直接依墙摆放在客厅内，这不是堆砌元素，而是屋主个性生活方式最真实的展示。屋内的灯光开启，冷酷的黑白灰展示出细腻的温馨质感。所有的灯具都是曝露的，白色外壳的斗胆灯是特殊定制的，客厅内暖调的灯光映射仿佛将记忆拉回那个久远的年代，散发怀旧的馨香。

卫生间的百叶门让穿透的光线变得调皮，玻璃使介质斑驳的光影在地面上浮动着，静谧中透着自然的气息。
卫生间的开间短促，设计师置换了门洞的位置并以移门处理，尽量保留规整的空间。宜家的家具特色在这里发挥得淋漓尽致。山水纹理的砂岩砖配合田园气质的洁具组合，统一的色系让小空间不再呆板，砂岩砖充满张力的纹理让空间延伸，让心灵放松。

主卧室依照女主人的心思，选择华丽的质感和温暖的调性，伴有银色的树叶壁纸与窗帘相呼应，藉由材质、彩度、线面之间与光的对应比例，为房间带来纾压的温馨风格。一盏硕大的黑色羽毛灯平衡了整个室内的色调与构图，也为整个房间带来华丽的温暖。

空间设计的最终，还是要回归到真实生活的本质。客卧依然以黑白为主色调，宜家的书桌和藤床搭配，带出一点假日的味道。

宽敞的阳台是房间的一大特色，悠闲时坐在廊道上，两把藤椅一壶茗茶，放上一张爵士乐专辑，将视线穿透玻璃之外，就可在这条“阳光走廊“欣赏远方美景，度过一段无压的悠活时光。”

18. 冷酷仙境——利用高层高扩大空间

Project Information 项目信息

面积：
130 平方米（原有一层为 45 平方米客厅，层高 4.5 米）
原有户型：
2 层
改造后户型：
加盖局部阁楼（书房）
主人：
二人世界
主体色调：
黑、白、灰
辅助色调：
彩虹色系点缀无色系
硬装主材：
水泥，面砖
软装主材：
皮，丝绒，线帘
改造亮点：
高层高的客厅和阳台
设计亮点：
巧用隔断、软硬材质结合

阴天，在不开灯的房间听歌，
让 EAGLES 的伤感侵略每一寸空间。
午夜，在高速公路上飞驰，
任琉璃灯光将夜色拉成斑驳。
凌晨，倒半杯 VODGA，
不喝，只将曙光微熏着，
SMOKE GET IN THE EYES。

陈先生怎么看都不像是扮酷的人，广交朋友和气生财，醇厚的微笑成了常态。“人都会有另一面。有一天，忽然会有离开的冲动，在高速公路漫无目的地飞驰，无需终点，直到世界尽头。”于是，他的家也让人大吃一惊。

冷酷到底

进入房间，满是坚硬的冷调。一楼 4.5 米的挑空让本来面积就不小的客厅显得更加空旷。酷感水泥背景墙让身体急速降温，本该用作外墙的材料呈现一脸坚毅粗糙的表情。黑色嵌条分隔出的纵深感，无形中拉伸了硬朗的空间，让水泥墙舒展了眉头。同色系的意大利进口玄色地砖，是陈先生的最爱。大块面的亮光质感和纵横的线条分布与背景墙如出一辙，让空间利落冷峻。

柔情联通

女主人 Vivi 却坚持家必须是温暖的港湾。于是，在一点一滴的细节里，慢慢积累起了女性的细腻质感，让房间变得柔软而温情。低矮宽大的布艺沙发下铺上厚厚的地毯，在阳光的照射下，这里成了最温暖的会客区。黑色的家电与音箱是客厅里的主角，冰冷的外观，流淌出的却是温暖音乐、迷离影象。开着的时候，坚毅的客厅流露出一点点蓝调的柔情。假日，女主人 Vivi 喜欢窝在大大的沙发里，抱着狗狗看一天的碟。

在客厅与餐厅之间，砌起半堵矮墙，既让客厅有了电视背景墙，又消解了底楼的空旷感。变小了的客厅变得更加温暖，却并不牺牲空间的完整性：留出上半部分隔墙不完全砌起，通过吊顶呼应餐厅和客厅，让餐厅也能分享客厅大大落地窗外洒下的温暖阳光。客厅沙发后的水泥背景墙上设计了壁龛放置烛台，夜间烛光摇曳中，让水泥墙也多了细腻温暖的看点。

Tips:
Vivi 的温暖小妙招

1. 背景墙选择皮面装饰墙带来暖意。
2. 用丝绒布艺床取代传统的木床、铁床。
3. 使用大量暖光照明。
4. 风情线帘隔断，让空间变得更有私密性和温暖度。

享乐仙境

“早就说好了，卧室不准那么冰冷！”Vivi 定下四不条约：不准用水泥墙，不准用地砖，不准硬邦邦，不准冷冰冰。于是设计师在卧室将黑白演绎得热力四射。二楼的卧室本是一个错层的大空间，设计师将其隔开后增加出了衣帽间的位置，也让卧室有了包围后的温暖感。“酷感风格当然一样要进行到底，不过卧室要有自己的小浪漫和小温馨。”布艺床、皮面装饰的背景墙和进门时的线帘让卧室软化出浪漫的柔情，黑白、极简这两个冰冷词汇，也在金色的灯光中，慢慢融化。

19. 双面胶——两个衣柜，各投所好

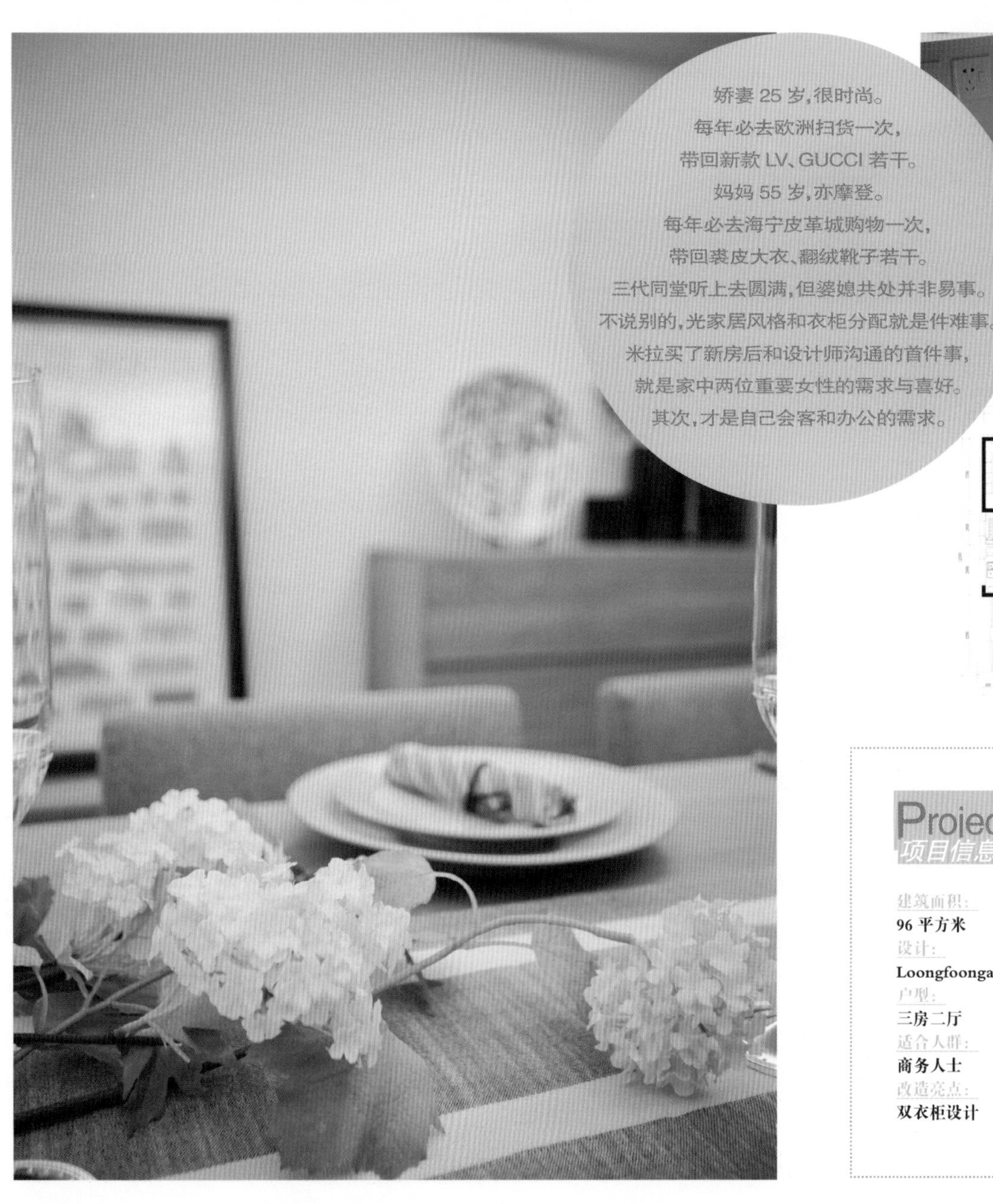

娇妻25岁,很时尚。
每年必去欧洲扫货一次,
带回新款LV、GUCCI若干。
妈妈55岁,亦摩登。
每年必去海宁皮革城购物一次,
带回裘皮大衣、翻绒靴子若干。
三代同堂听上去圆满,但婆媳共处并非易事。
不说别的,光家居风格和衣柜分配就是件难事。
米拉买了新房后和设计师沟通的首件事,
就是家中两位重要女性的需求与喜好。
其次,才是自己会客和办公的需求。

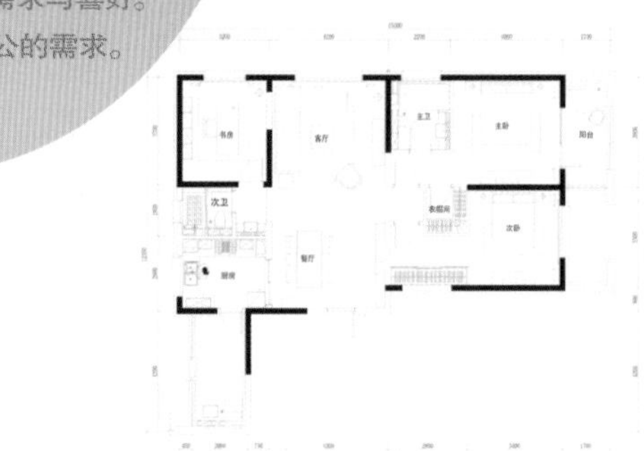

Project Information
项目信息

建筑面积:
96平方米

设计:
Loongfoongart

户型:
三房二厅

适合人群:
商务人士

改造亮点:
双衣柜设计

办公待客两相宜

由于米拉经常要在家做企划案并会见业界的朋友，所以设计师将风格定为稳重内敛，优雅闲适。套色橡木的厚重感搭配丝绒面料的温和，色彩为来自自然的植物色系，由不同层次的棕、褐以及绿色带来视觉的丰富性。干化处理的植物及天然石材器皿运用在空间中显得浑然一体，没有矫饰的痕迹。

客厅宽敞的转角沙发布置让会客气氛更为亲切，可抽拉的组合茶几满足会客和常态时的双重需要。

餐厅和客厅无缝衔接，选择同色系的家具，亲和又随意。

主题墙一侧高低错落的木纹柜子起到了良好的收纳功能，和放置其上的装饰物显得很搭调。

书房宽敞的布局让在家办公成为可能。卧室着重突出床品的舒适质感，简化繁琐装饰，营造放松氛围。灯具造型简洁，与空间气质相呼应。

合理改造双衣柜

主卧小，次卧却非常宽敞。如果在主卧传统的床边靠墙位置放大衣柜，必然显得更加局促。设计师巧妙地将次卧变小，并划出一部分空间做成了主卧的步入式衣帽间，满足妻子的需要。

可这样一来，次卧变小后也没有地方放置大衣柜，却有长长的入室走廊无法利用。设计师将这条新出现的走廊利用起来，靠墙做出一排入墙整体衣柜，让妈妈的衣物有了宽敞的放置空间。

因地制宜打造衣柜

衣柜的功能性越来越强，种类也更多，如何选择真正适合妈妈和妻子的衣柜呢？设计师因地制宜，结合居室的实际情况，选择了最为实用同时又能充分利用空间的理想衣柜。

选择1：入墙式设计

特性介绍：对于面积不大的住房，利用墙体空间设计凹入墙内的整体衣柜。此外，需要根据空间的大小来定做门以及内部框架。选择移动门，可以减少开门带来的阻碍。

优缺点：节省空间，整体衣柜不但内部可以切割成挂衣空间、摆放空间，顶部空间，也可以放被褥、或者孩子玩腻的玩具，整体感觉和居室装修浑然一体。此外，由于合理运用空间，在经济上也有不少优势。

选择 2：转角式设计

特性介绍：此种衣柜在大面积的卧室中不仅可以充分利用转角空间，并且衣柜能承担隔断墙的作用。即便是小居室也可以设计出大小适合的转角衣柜。

优缺点：如果房间整体采光好，可以把衣柜设计成顶天立地的款式。如果只有一面采光，就最好在衣柜上部留出空间，使自然光可以进入。

选择 3：步入式设计

特性介绍：如果在卧室中能够找出一块面积在 4 平方米以上的空间，就可以考虑请专业家具厂依据这个空间形状，制作几组衣柜门和内部隔断，做成步入式衣帽间，可以大大提高空间的利用率。

优缺点：比较节约面积，空间利用率高，容易保持清洁。

选择 4：独立衣帽间

特性介绍：住宅面积大，有较多衣物，需要较大存放空间的家庭。只有在宽敞的大空间中设立独立式衣柜，才可以使其美感与实用兼具。

优缺点：独立衣帽间的特点是防尘好，储存空间完整，并提供充裕的更衣空间。不过，最重要的是房间内照明要充足。

20. 新阁楼男女——斜屋顶下的爱

Project Information
项目信息

设计：
浙江城建装饰
户型：
复式
建筑面积：
78.5 平方米
风格关键词：
西班牙风格
改造难点：
斜顶房，层高高而面积小
设计亮点：
阁楼的空间利用

Louis 和老公都是韩剧迷，
当初买下这个顶层的斜顶房，
是因为迷醉于它 4.9 米的层高
以及斜斜的屋顶、大大的天窗。
“要好好利用每一寸空间和每一寸光阴，
从此，做一对爱在高处的阁楼男女！”
于是，在历经半年的缓慢累积之后，
有了这个斜屋顶下的爱的小屋。

生活在高处

4.9米的层高，80平不到的面积，设计上当然是向上拓展，延展生活空间的高度，让房间更加立体化。Louis与设计师商量后，将整个房间隔成了两层。一楼作为客厅和餐厅，二楼的阁楼则用作卧室、主卫和书房。

阁楼型复式空间，看似拥有了充足的使用空间，然而不合理的斜房顶设计却让楼上的空间变得狭小拥挤。如何能保证阁楼空间原有通透明亮空间不被破坏？一楼在隔出阁楼空间后不显得拥挤和低矮？

设计师运用白色系的墙面打造出视觉的开阔感，白色的墙面统一了上下空间，一层的斜十字形吊顶有效化解了低矮层高带来的压抑感。再运用西班牙田园风格的装饰元素混搭，营造时尚大气的阁楼风情。

躺在床上数星星是Louis觉得最浪漫的事。将最低层高的地方留给卧室，矮矮的屋顶，一面斜斜的窗户，就在床的正上方，让夜晚的星空也成为自家的风景。而在阁楼另一边的低矮区域，则设计成卫生间。斜窗下安排了浴缸，躺着泡澡，坐看日出日落云卷云舒好不自在。

而阁楼上比较高的中间部分，则留作书房。将墙面依势做成书柜，高高的空间让灵感飞扬。

阁楼注意事项 ABC

A. 天窗也需要玻璃密封，同时需要给房顶做保温措施。
B. 如果是保留双层层高的高挑空，在灯饰方面可选择吊式的水晶灯来缓和顶部的倾斜度。
C. 如果阁楼过于低矮，墙面可以运用大面积的壁纸，来提升层高空间，将视觉集中在墙壁设计上，平衡斜面的突兀感，其次在房间中搭配时尚的软装配物，能巧妙地协调房型的不规则性，让斜层顶发挥优势。

Tips:

小阁楼呈现大创意

loft 风格的大阁楼随着独栋和宽 house 和复式的增多也多了起来。开发商附赠的斜顶阁楼一般面积较小，装修受空间因素的限制比较多。很多人对于阁楼装修会有一些难处，阁楼由于其框架的独特性，充满想象力的空间很大，这里提供几种此空间的装饰方案，希望通过学习国外的一些设计手法，打造自己喜欢的公共空间。

阁楼最常见的用途

阁楼可以装修成卧室、书房、会客间、棋牌室，更大胆的业主甚至改成天顶浴室，享受在浴缸里看天窗外星星的乐趣。

阁楼屋顶的处理方法

1. 保持原貌的色彩强调法

不需要对顶部进行改动，保持原貌，只需将整个顶部涂上墙漆，包适横梁、隔段墙等，颜色可以是白色或是彩色，让顶部在视觉上达到浑然一体的感觉，没有特殊的吊顶处理，反而会让整体效果简洁大方，除层高凸显外，房屋空间感也会增强。

2. 个性吊顶隐藏横梁

根据房屋的层高和屋顶的斜度情况，可考虑用木头做原色的顶，也可以用石膏板做传统的吊顶。其中需要将横梁包住，中间折拐到斜面上，让尖顶变成平顶，回归到普通的吊顶设计中，尽量让横梁隐藏起来，就不会给房屋造成压抑感。

21. 隔而不断，情意绵绵——心意互通的空间设计

Project Information 项目信息

设计：
1917
面积：
109 平方米
户型：
复式（一厅改造成影音播放室）
改造亮点：
空间的联通设计
装修关键词：
岛型厨房布局、玄关借光术、偏厅
主体色调：
米色
主要风格：
简洁都市风

不在一个饭点，
作息时差大，
是空中飞人和旷世宅男结合后的最大痛苦。
王澜，空中小姐，巴黎、纽约地飞来飞去，
常常是刚到家连时差都来不及倒就又赶着上机了。
先生范彬是大学影视学院的老师，
一周没几堂课，平时在家写写书看看电影，
早上 10 点起床，沙发里一窝就是一天。
设计房子时，
王澜和老公想得最多的就是，
如何多利用那有限的
一点点在一起的时光，
更多一些亲密互动。

层层递进的绵延联通

范彬在客厅看电影的时候，也许正是王澜的饭点；范彬在吃午餐的时候，王澜可能正在忙着她的“早晚饭”，匆匆出锅，草草吃几口就要赶往机场。在家几小时的时光，说不定也会是悲催的独立状态，各自在客厅、餐厅、厨房忙碌，隔绝不相见。设计时，两人首先想到的就是将这几个空间打通，可以彼此看见，能有眼神的交流。

客厅和餐厅之间，打通半堵墙面，并利用错层的层高在“窗台”下设计了低坐姿沙发。范彬在用餐时，王澜可以在这里半躺着和他说话、看书。餐厅和厨房之间的墙面也被打通，设计成餐边柜式的备餐台。王澜洗菜的时候，可以看到在客厅或者餐厅的老公。而从这里向餐厅递菜也变得尤为方便。

岛型厨房，下厨从此更快乐

王澜虽爱下厨，却不喜欢闷头独自做菜的感觉。于是，将原先的厨房隔小，只留很小的面积用移门围合成明火油烟区，并利用部分餐厅面积，做成了现在的岛型料理区。

细节放大：

什么是“岛型厨房”？

岛型厨房，就是将本来“靠边站”的烹饪桌或料理台等堂而皇之地置于厨房的中央，将传统概念中不登大雅之堂的东西，从后台搬到前台。岛型厨房分为全岛型和半岛型两种，其主要功能是为全家人提供一个可以在厨房进行交流或者举行小型聚会的地方，让就餐变得其乐融融。

“岛”上的功能设计：

清洗料理岛：在岛上可安置洗碗池，这个功能的设计将岛的实用和美观一网打尽。这一功能的实现需要事先周到地设计和排布上、下水管。而把油盐酱醋装进五颜六色、奇形怪状的瓶子中，放在厨房中央的料理岛上，会有浓妆淡抹皆相宜的感觉。就连刚刚买回家的蔬菜、水果，随意在料理台上一放，也会成为一道风景。

休闲就餐岛：休闲岛没有固定的模式，可以是“围炉咖啡”——围着炉子悠闲地等待咖啡的香味慢慢飘出；也可以是“水果时光”——看固体水果榨成果汁，挑一杯自己的最爱捧于手中……将岛的高度略微做高，并配上吧台椅，就能实现这一功能。而岛边的电器设计就成了休闲岛的主角。咖啡壶、嵌入式烤箱，都是休闲岛的必备电器。两人可以在休闲岛上喝咖啡，吃早餐，比餐厅更有随意的味道。

跟我学：

玄关借光术

在换鞋处，设计师除了安排射灯的补充照明之外，更在花园外墙上嵌入六块玻璃砖，借花园的照度给玄关增添照度。合理的柜体安排让你无论换鞋还是取衣，都能从容井然。

Project Information 项目信息

建筑面积：
78 平方米
户型：
二房二厅
设计：
Loogfoongart
装修关键词：
步入式更衣室、入墙式座便器
风格关键词：
简约都会风
布局关键词：
客餐厅功能分区
改造亮点：
客厅 + 餐厅 = 两房变三房

小然买这套房子时候
有些小小的犹豫，
户型实在是让她欢喜让她忧。
买下的理由是满墙落地窗，
洒满阳光的客厅。
犯愁的原因更多：客厅面积过大、
餐厅离厨房太远、大门正对着卫生间……
“长考三个月，效果图出了无数张，
所有细节都想好，所有问题都解决，
才动工的！”小然说，现在房间的舒适度是
牺牲无数脑细胞修改房型换来的。

客厅＋餐厅＝两房变三房

先从简单的位置开始着手，小然首先解决客厅过大、餐厅过远的问题。三口之家会客不多，无需那么大的客厅来追求排场。于是因势利导地将靠近厨房的厅划成餐厅，并将厨房做成开放式，进一步延伸了厅的面积，让餐厅变得更为开阔。而原先的餐厅则砌墙做成封闭式的房间，改为儿童房。

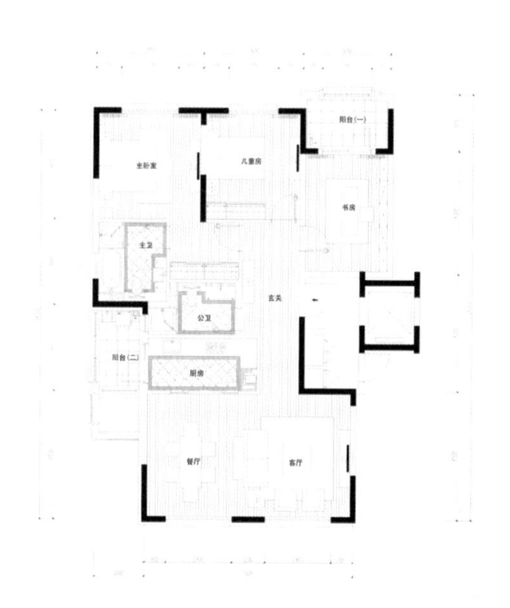
阳台(一)
主卧室
儿童房
书房
主卫
玄关
公卫
阳台(二)
厨房
餐厅
客厅

接着要解决的，是客厅与餐厅的功能分区。小然和老公喜欢边吃晚饭边看电视，而真正在沙发上看电视的时间反而很少。于是，将电视机安排在正对着餐桌的客厅墙上，沙发也靠墙摆放。餐区和客厅区之间再摆上一个条案，将两个功能区分开，也解决了沙发一边因客厅进深不够而无法放置边柜的问题。

都会海派风

小然和老公都是地道的上海人，又有那么大气阳光的客厅，毅然选择了柔和精致的海派风格，家具造型以简洁欧式混搭现代单品增加趣味性。

软装购自上海的多个轻纺城，面料以绣织纹样丝缎打底，配合丝绒及皮草丰富质感。由于硬装色彩较深，于是在装饰品上小然多处选择了亮银色，以提亮空间。

卧室门改动 + 客卫部分面积 = 步入式更衣间

餐厅变成封闭式客卧后，主卧的门就能有空间向外移出 1 米，与客卫的墙面齐平。原先的走廊变成了卧室的一部分。再将客卫靠主卧的这边稍稍缩小，走廊就省出了一个更衣间的位置，刚好做成一排衣柜，将走廊面积完全利用了起来。

再将客卫门稍稍左移，经过改动后的主卧门和客卫门之间放上漂亮的柜子和墙面装饰，形成了一个天然的玄关，正对大门。而对称的两个房门在门框上稍作处理，也为玄关增添了精彩的一笔。

选购整体衣柜要注意搭配哪些配件？

柜内灯：即使柜外有灯照明，较深的柜内仍旧会比较暗，而深色的面板又会加深这种问题。建议在柜外靠近柜门位置安装一排射灯，或在柜内直接安装照明，并将开关置于柜门边。

西裤架：叠放的裤子会有折痕，而西裤架却能让裤子不留折痕，需要不少于 600mm 的悬挂空间，因此西裤架通常会放置在抽屉下面，这样更能节约空间。

抽拉板：叠起来的毛织衣物放在一起找起来会很麻烦，如果用抽拉板则能让叠放的衣物井井有条，但它也有收纳空间较少的缺点。

领带盒：通常领带盒所占空间比一个抽屉还小，我们可以“见缝插针”地随意安排领带盒的位置。此外，袜子、短裤、丝巾等小物件也都有了归宿。

推拉镜：衣柜里一定要有面更衣镜，整体衣柜设计的更衣镜隐藏在衣柜内，轻轻一拉即可出现，推回去的更衣镜紧紧贴在柜板旁边，毫不占用衣柜内空间。

主卧功能 1+N
——卧室套间大改造

图片来源：九龙山酒店公寓

对于朝九晚五的上班族来说，主卧是他们平时在家利用率最高的房间。主卧承载了越来越丰富的功能，已成为了家庭空间的核心。于是，时下许多楼盘推出的主流户型中，主卧变得越来越大，而套间的形式也慢慢地出现了，其中以“卧室 + 卫生间”的格局最为常见。

如果你的卧室不够大，也不用为户型而遗憾。你同样可以通过户型改造来创造出多功能的卧室，让它变成你的休憩场所、阅读空间，让大卧室中生活起居一应俱全。当衣服多得没有地方放，你更需要的是一个大的衣帽间；当工作忙得没日没夜，你更需要一个宁静的书房……主卧的功能性已变得综合：结合了睡眠、娱乐和工作。只要你喜欢，现在就可以动手改造它！

套间叠加 1：主卧 + 更衣间

家里的主卧，或者面积不太小的卧室，能设置一个步入式衣帽间，是大家普遍的愿望。许多家庭喜欢把衣帽间和主卧室连在一起，而拥有独立的衣帽间并非只是别墅或者复式户型的专利，其实在普通的家居空间中，只要合理利用也是能拥有独立衣帽间的。对于卧室过长的房屋空间，可以将主卧的一部分设计成步入式衣帽间，并将衣帽间的门做成隐形门，使墙和门融为一体。另外也可以将闲置空间做成嵌入式衣帽间，衣帽间多以移门隔断，在移门的里侧加上一面镜子，集穿衣镜和移门为一体，即节省空间又方便实用。当然，也可以利用过道的空间改造成一个衣帽间，或者把主卧卫生间的部分空间改成独立的衣帽间。

适合叠加更衣间的卧室户型：

1. 主卫空间比较大。
2. 卧室比较大且呈长方形。
3. 卧室进门走廊比较宽。

改造方便指数：★★★★

改造注意点：

如果将卫生间部分空间改为衣帽间的话，需要注意防潮、漏水之类的问题。建议管道依然要包起来；保留一个地漏，以防止渗水作排水之用；墙体、地面都应重做一遍防水；衣柜要定做成带金属腿的，大概离地面 10 厘米左右，防止管道漏水浸泡衣柜底座。

B

套间叠加 2：主卧 + 主卫

一般这样的格局都需要原始户型的支持。如果卫生间离卧室较远，则不宜重新铺排水管改造。如果恰好卫生间与主卧只有一墙之隔，可考虑改造卫生间门的方向，将卧室与卫生间直接连通。但在只有一个卫生间的情况下，建议仍旧保留原有的门，以方便客人使用。

如果主卫本身就是与主卧相连的套间形式，你也可以考虑做成全透明的玻璃卫生间，但需要充分做好防水工作。

适合叠加卫生间的卧室户型：

1. 原始户型就是卧室 + 卫生间的套间形式。
2. 卫生间与卧室紧邻。

改造方便指数：★

图片来源：
半岛龙湾 2 栋 2 单元 1203
复式楼二楼

C

套间叠加 3：主卧 + 书房

将书房融入卧室，可以让人随时舒心阅读，床上迸发的灵感也能够及时记录下来。而卧室兼具书房，可丰富卧室的艺术内涵，为卧室增添浓厚的文化气息。要在卧室里设计一个书房，主要看空间大不大。超过 20 平方米可考虑单独隔开。如果隔出的书房采光不佳，隔断可采用玻璃门，既好看也隔音，睡觉看书不影响。如果书房位置本身就与卧室紧邻，不妨将书房门改向卧室，让卧室与书房连通，做成套间形式。如果卧室空间小的话，建议从卧室划出一块工作区，直接用帘子或屏风隔开就行，比如设置专用的书写台、轻便书桌，或利用延展床头柜形成书写台面的办法，在柜类家具恰当的位置上设翻板式台面。

适合叠加书房的卧室户型：

1. 卧室超过 20 平米。
2. 卧室本身与书房紧邻。

改造方便指数：★★★★★

特别提示：

涉及户型格局的改造，势必牵扯到墙体和水电工程，建议符合相关标准规范。根据我国建设部颁布的《住宅建筑规范》规定，卫生间不应直接布置在下层住户的卧室、起居室（厅）和厨房的上层。而《住宅室内装饰装修管理办法》规定，住宅室内装饰装修活动，禁止将没有防水要求的房间或者阳台改为卫生间、厨房。

墙面老化多种处理法

墙面也是家的“面子”，得给主人“长脸”。墙面是对家庭装饰效果影响极大的部分，在旧房改造装修中，墙面在很大程度上决定了装修改造的效果，因此墙面装修处理是业主应该非常重视的环节。

并不是所有的二手房墙面都必须铲除墙皮重做，比如有的二手房墙面质量还不错，没有空鼓、起皮、开裂这些现象的话，仅仅要对付局部有点脏这个问题，你可以通过装饰来解决，也就是重新刷漆、贴壁纸等方法。

墙面老化原因

墙面粉化

产生原因：①低温施工；②过量稀释；③涂层太薄；④不使用底漆；⑤底材疏松。

解决办法：去除粉化部分，直至露出坚实基面，打底重涂。

墙面光泽上升

产生原因：①在走动频繁处使用了哑光涂料；②频繁的擦洗；③物体擦过墙面；④使用的涂料的耐擦洗性能差。

解决办法：选用优质涂料重涂，并且在走动频繁处，选择半光或高光涂料；用软布或磨擦损害小的物品，蘸清水来清洁漆膜表面。

墙面开裂或剥落

产生原因：①使用劣质涂料；②过分稀释或涂料过厚；③表面处理不当，如腻子过厚、疏松、持久性差；④由基材的开裂引起的漆膜开裂；⑤涂料过硬或因年代已久老化变脆。

解决办法：刷去松脱物，打磨表面，磨毛边缘；用尽量少的有一定持久性和耐水性的腻子。

墙面基层处理

普通旧房子的墙面：一般需要把原漆面铲除，方法是用水先把其表层喷湿，然后用泥刀或者电刨机把其表层漆面铲除。

年久失修的旧墙面：表面已经有严重漆面脱落，批烫层呈粉沙化的，需要把漆层和整个批烫铲除，直至见到水泥批烫或者砖层；用双飞粉和熟胶粉调拌打底批平，再用涂饰乳胶漆，面层需涂二至三 遍，每遍之间的间隔时间 24 小时为佳。

B

墙面处理方式

刷乳胶漆

这是对墙壁最简单也是最普遍的装修方式。通常先对墙壁进行面层处理，用腻子找平，打磨至光滑平整，然后刷乳胶漆，乳胶漆是目前墙面处理的主流。上部与顶面交接处用石膏线做阴角，下部与地面交接处用踢脚线收口。这种处理简洁明快，房间显得宽敞明亮，但缺少变化。可以通过悬挂画框、照片、壁毯等，配以射灯打光，进行点缀。

提示：很多工业涂料都有或多或少的毒性，施工时要注意通风，施工后也要至少一个月以上时间挥发后方能入住，以免对家人的健康造成伤害。

防水层的处理方法：地面及墙面 1 米高度的宜用专业的防水剂，例如 911 号防水剂。而墙面高于 1 米的位置可以选用便宜一点的沥青油做防水。如果为了省钱，也可以直接用沥青或者树脂做地面防水。地面及地面 20 厘米的位置一定要做厚点，装修完毕后，尽量避免在低于 1 米高度的地方钻打孔眼。

贴壁纸

墙壁面层处理平整后，再铺贴壁纸。壁纸的种类成千上万，色彩、花纹非常丰富。壁纸脏了，清洁起来也很简单，新型壁纸都可以用湿布直接擦拭。壁纸用旧了可以把表层揭下来，无须再处理，直接贴上新壁纸就可以了，省时省力。

墙纸的施工，最主要的关键技术是防霉和处理伸缩性的问题：

1. 防霉的处理。墙纸张贴前，需要先把基面处理好，可以双飞粉加熟胶粉进行批烫整平。待其干透后，再刷上一两遍的清漆，然后再行张贴。

2. 伸缩性的处理。墙纸的伸缩性是一个老大难问题，要解决就是从预防着手。一方面一定要预留 0.5mm 的重叠层，有一些人片面追求美观而把这个重叠取消，这是不妥的。另外，尽量选购一些伸缩性较好的墙纸。

贴墙砖

瓷砖是目前装修中的大项目。瓷砖多数应用于厨房、厕所、阳台等地方的墙面。瓷砖装修的最大优点是耐脏。当然，高质量的墙砖也被广泛运用于非卧室的场所，如客厅等，贴得好也很显大气。

提示：瓷砖装修其中一个主要问题是防水层的处理。因为在厨厕这些地方多数有用水的问题。所以墙面的防水更应高度注意。没有做防水的新房子或者需要更换瓷片的旧房子，都需要重新做防水层。

墙体改造扫盲篇

——买房不砸墙，生活徒伤悲 砸墙也有门道

随着新房的地段边缘化，很多人选择购买城区里社区条件相对成熟的二手房。如果您的婚房是二手房而非新房，那在装修时可能多了一些拆改项目，比新房装修的过程要琐碎一些，费用也会相应增加。

加上在市场的早期由于开发商不太专业，在室内空间里经常需要大幅度的拆改。而到了后期伴随着房地产项目不断成熟，其实格局已经越来越合理化了。再加上很多高层的混凝土砌体墙结构，拆改的必要性越来越少。

但是不可厚非的是，墙体拆改仍然是室内装修的一项重要的选择题。本文将提醒各位业主，在对爱巢进行格局改造时需要注意的问题，以及拆墙时所要避开的“雷区”。

墙体分类

一般而言，室内的墙体可以在结构上分为承重墙与非承重墙：

承重墙指支撑着上部楼层重量的墙体，打掉会破坏整个建筑结构；非承重墙是指不支撑着上部楼层重量的墙体，只起到把一个房间和另一个房间隔开的作用，有没有这堵墙对建筑结构没什么大的影响。

如何鉴定承重墙？

墙体是否是承重墙，关键看墙体本身是否承重。

建筑施工图中的粗实线部分和圈梁结构中非承重梁下的墙体都是承重墙。现场察验墙体上无预制圈梁的肯定是承重墙。非承重墙体一般在图纸上以细实线或虚线标注，为轻质、简易的材料制成的墙体，非承重墙一般较薄，仅做隔断墙体用。

砖混结构的房屋所有墙体都是承重墙；框架结构的房屋内部的墙体一般都不是承重墙。当然具体到房屋结构本身，判断墙是否是承重墙，应仔细研究原建筑图纸并到现场实际勘察后才能确定。框架剪力墙结构和纯剪力墙结构，墙体或者叫承重墙体是一段一段的，就是说有可能一堵墙有一部分是承重的，剩下的一部分是不承重的。如果你是砖混结构的老房子，告诉你一个简单的判断办法，除了厨房卫生间的间壁墙，其他的都是承重墙。

可拆与不可拆

可拆除墙体

一：普通轻体墙。

二：空心墙。

三：其他形式的隔墙。

不可拆除墙体

一：承重墙、预制板墙。

二：阳台边的矮墙不能拆除。

三：房间中的梁柱。。

四：横梁下房的轻体墙。

房屋拆改“雷区”多

雷区 1：承重墙

一般砖混结构的建筑中，凡是预制板墙都是承重墙，一律不能拆除或开门开窗。超过 24 厘米以上的砖墙也属于承重墙。装修时承重墙千万不要动，在上面掏大面积的洞也不行。

提示：拆除承重墙体，在承重墙上开门、开窗、削薄承重墙体，不仅直接破坏和削弱了承重墙体的承载能力，而且也破坏了房屋的整体性和抗震性。还可能造成相邻墙体的酥松开裂，墙体强度、承载力下降，以及上下楼墙体、楼地面开裂，造成结构损坏。如果遇到地震，这样的墙体和楼板就很容易坍塌或断裂。

雷区 2：燃气管道

居民或装修人员私自拆改燃气管道、包封燃气阀门很容易造成燃气泄漏。燃气管道被包封起来，气体泄漏就不易被察觉，泄漏气体也不容易扩散，聚集在局部。使用前，又没有专业的安全检测，一遇明火极易引起爆炸。

提示：燃气设施在设计、安装上有严格的技术规范和安全要求，必须由专业人员进行施工。如果居民在装修居室时的确需要改动燃气管道，应向供气单位提出申请，由供气单位现场勘测并提出意见，能够改动的，供气单位出具施工方案，并由专业人员进行操作，施工人员应具有专业资质。

雷区 3：暖气管道

装修中拆改暖气管道、上下水管道的情况也较为普遍。暖气管道及上下水管道都有个共同特点，就是这些管道都是在一定范围内构成一个整体系统，各家各户无法完全独立。因此在对这样的管道进行改造的时候，就应该小心谨慎，所有的改造都应该以不影响整个系统为前提。

提示：乱拆乱改暖气有很多弊端，原来设计好的暖气被改动后，压力将发生变化，热平衡打破后，供热发生失调，造成楼中各户热的很热，冷的很冷。改动后的暖气，很难保证不漏水。

雷区 4：阳台“配重墙”

一般房间与阳台之间的墙上都有一门一窗，这些门窗可以拆除，但窗以下的墙不能拆，因为这段墙是“配重墙”，它就像秤砣一样起着挑起阳台的作用。不少业主认为配重墙的作用不大，阻挡了阳光进入室内，影响居室的采光。因此常会考虑将配重墙拆除，在阳台处形成一个宽大的垭口。

提示：拆除配重墙，会使阳台的承重力下降，导致阳台下坠。拆除配重墙将会改变房屋结构原有的受力，还可能导致阳台有坍塌的危险，特别是有挑板式结构的老房阳台。

Tips：

近年来不少业主随意更改甚至破坏房屋的结构，盲目改变居室格局，对房屋承重能力产生一定破坏，给自己和邻居带来安全隐患。建议严格分析建筑图纸，切忌盲目敲墙。

达人宝典

——水电改造之管材的艺术

水电是隐蔽工程，所以也是最不易被人注意的环节。假如这个环节处理得不好，不但会直接影响日常使用，甚至可能危害人身和财产的安全。如果因为选材不慎或施工不当，就很容易出现漏电、短路等问题，不但处理起来很麻烦，而且一不小心还可能酿成触电、火灾等事故，对人的生命及家庭财产造成极大的威胁。可见，家庭装修中电路改造必须把安全性放在首位。

A

放心的电线

电路改造所用材料：电线(塑铜线)、电话线、AV线、网线、音频线、穿线管、开关、插座和各种配件。家庭装修切忌和铝芯线说NO！

现在家庭装修一般选用单股铜芯电线，不同负荷的用电系统，应选择截面不同的电线。普通照明、普通插座系统(10A以下，建议不要用小于6A的插座)应选择截面积为2.5平方毫米的电线。如果10A插座最好用截面积为4平方毫米的电线。

供空调、电热水器、电暖器、电烤箱等等大功率电器使用的16A插座系统，应选择截面积不小于4平方毫米的电线，单个用电器功率超过3KW的，建议使用截面积为6平方毫米的电线。

B

隐蔽工程之水管

“隐蔽工程”中水管的选择和安装成了装修中一个不能不重视的问题。为使居室美观，人们在装潢时水管一般都采用埋墙式施工，一旦出现水管渗漏和爆裂将带来难以弥补的后果。

过去，用于供水的管道主要是铸铁管。目前使用的管道主要有三大类：第一类是金属管，如内搪塑料的热镀铸铁管、铜管、不锈钢管等；第二类是塑复金属管，如塑复钢管，铝塑复合管等；第三类是塑料管，如PP-R(交联聚丙烯高密度网状工程塑料)。

开槽

确定开槽路线原则：①路线最短原则；②不破坏原有强电原则；③不破坏防水原则。根据信号线的多少确定PVC管的多少，进而确定槽的宽度。

水路改造开槽注意事项

1) 决定要在墙上开槽走管的话，最好先问问物业，你设想走管的地方能不能开槽。

2) 给洗澡花洒龙头留的冷热水接口，安装水管时一定要调正角度，最好把花洒提前买好，试装一下。尤其注意在贴瓷砖前把花洒先简单拧上，贴好砖以后再拿掉，到最后再安装。防止贴砖时已经把水管接口固定了，而因为角度问题装不上再刨砖。

3) 给马桶留的进水接口，位置一定要和马桶水箱离地面的高度适配，如果留高了，到最后装马桶时就有可能冲突。

4) 洗手盆处，要是安装柱盆，注意冷热水出口的距离不要太宽，要不装了柱盆，柱盆的那个柱的宽度遮不住冷热水管，从柱盆的正面看，能看到两侧有水管。

5) 卫生间除了给洗衣机留好出水龙头外，最好还能留一个龙头接口，这样以后想接点水浇花什么的方便。这个问题也可以通过购买带有出水龙头的花洒来解决。

防水

1. 安装管道一定要找专业技工。不管你的装修多么豪华高档，如果你在这方面不舍得用钱，万一有问题。往往管道的爆裂或者泄漏，都会造成水管本身价格数十倍、数百倍、甚至上千倍的损失。

2. 安装后一定要进行增压测试。增压测试一般是在1.5倍水压的情况下进行，在测试中应没有漏水现象。

3. 在没有加压条件下的测试办法：

1) 关闭水管总阀(即水表前面的水管开关)。

2) 打开房间里面的水龙头20分钟，确保没水再滴后关闭所有的水龙头。

3) 关闭马桶水箱和洗衣机等具蓄水功能的设备进水开关。

4) 打开水管总阀。

5) 打开总阀后20分钟查看水表是否走动，包括缓慢走动。

4. 在日常使用中，如果发现如下情况，应尽快检查有关管道：

1) 墙漆表面发霉出泡。

2) 踢脚线或者木地板发黑及表面出现细泡。

C

家庭电路改造布线

1. 墙面按规定不允许横向开槽，因为横向开槽墙面因重力会下沉，导致裂缝或危险。如果是保温墙，会破坏保温层。墙面开槽应该竖向垂直开槽，如在实际施工中必须要横向开槽，尽量保证在20公分以内。

2. 地面根据现场的情况，比如地面贴地砖或铺实木地板可采用在地面走线。如果是没有地热的复合地板可以直接开槽；如果是有地热的复合地板，就用铺热宝。

3. 如果房顶采用吊顶的话，就直接走PVC管，如果不吊顶只能走护套线。

4. 布线时不能用软管，因为软管走的线都是死线，有安全隐患，也不利于以后的维修，应该用布线专用的PVC管。

问和答

问：PPR 水管装好后验收应该注意些什么？

答：首先直观上看他是否横平竖直，然后要做打压试验，冷热水管连接，打压 0.8mp 半小时之内掉压不超过 0.02mp 就可以啦！

问：家庭综合布线（弱电）开槽是在地面还是在墙上开？

答：家庭弱电的走法跟强电路一样，墙面横槽不可超过 50 公分，地面如果铺实木地板须顺龙骨再做线路，如果是复合地板或者地砖以点对点最短距离为宜，但注意强弱电路不可同管，间距最少 30 公分开外。

问：电话线和电线可放在一个墙槽里？

答：强弱电路绝对不可放在一个槽内。

问：开槽的时候把承重墙的钢筋露出来了，但是要埋暗盒，是不是不能在承重墙上挖暗盒的洞？

答：挖暗盒洞的时候如果遇到钢筋需要避开钢筋，不可割断钢筋。

问：埋地时候，护套管部分因后续的工序接口处已开或已被踩裂，装修公司直接埋进了水泥里，有问题吗？

答：这个是施工的细节您还是要求他们重新换下吧，那样做绝对不可以，跟不带护套线一个样，接口处需要上胶水处理的。

问：卫生间墙面挖槽走线的地方是不是要做防水？不做防水的话墙壁会湿？

答：规范上来说是要刷的，不过个人认为槽内的防水意义不是很大，一般墙面走的管都是整管，只要封槽后再做防水即可。

问：如果叫装修公司包水电，怎样辨别电线和水管的好坏呢？以及如何判断他们有没有用接头的电线和水管？

答：需要查看装修公司的材料证明，管内电路的接头需要专门的工具来检测，水管不可能没有接头的，做完后要进行打压试验。

问：改造到底应该留出来什么样的接头？

答：水路改造主要留出冷热水的出水口和进水口就可以了。

电路：插座需要并线的需要并在一起，灯需要留出足够长的线。

弱电：网络要留出安装时需要的线头，大概 30 ~ 50 公分就可以了。电话、电视跟网络一样，音响线要留的长一些，50 公分或者更长，VGA、AV、DVI、HDMI 都要留出足够长即可，大概 30 公分左右。

问：在做水电时，插座离地面的距离多少最适宜？

答：国标中是 300mm，但实际中很多都是 300mm ~ 400mm 之间，不过很多家庭的电路改造中都是按照自己的方便性来做的高度，除去特殊情况外的都是跟开发商做保持一个水平线。

问：水管是 PVC 好还是镀锌的好？

答：PVC 和镀锌管现在已经是国家给水管道淘汰的产品了，铝塑管也渐渐的被淘汰了，目前市场上最流行的是 PPT 管，另外还有 PE-RT 管 、PB 管、铜管、塑铜管、钢管，其中以钢管和铜管造价比较高。

问：电管走向设计怎样是合理的？怎么算是合理布置插座位置？

答：一般来说如果家里铺设地砖或者复合地板，电管走向以点对点直线为好，如果是铺实木或者竹地板最好是顺龙骨的方向来做线管，但是所有这些线管的弯度不允许出现死弯。合理布置的插座是要参考每家的具体装修方案，还有家具电器使用的类型，比如厨房内您先考虑用到的电器，然后才能布置插座的数量位置。

5个小户型阳台改造计划

部分图片来源：IKEA

无论户型多小，阳台一定少不了！在现在追求个性的生活中，阳台的空间已经不再是传统的只用来晾晒衣服的地方了。想要你的小家更加整洁完美，不可忽视阳台的利用。重新布置家里的阳台空间，通过改变它来增添我们的生活情趣，打造出各具特色的空间。这就介绍5个实用的阳台改造计划，洗衣房、休息室、小花园……各种小户型钟爱的功能空间，只需一点小小的改变，你就可以拥有！

Plan1：阳台变身洗衣房

如果卫生间够大，可以顺便将洗衣机容纳进来，兼职当个洗衣房。可是如果卫生间太迷你，你可以考虑放在阳台，洗完衣服还可以随手晾了，何乐而不为。

左边可以放下洗衣机，右边则设计成洗衣池，在这个透着新鲜空气的阳台里，洗衣不再枯燥无味。吊柜不占用空间，又能收纳很多物品，是小户型阳台的好帮手。落地的玻璃窗设计让阳台阳光更充足，空间更通透，视野更宽阔。

Tips：
阳台改造洗衣房的硬装注意事项

1. 专门的洗衣机的排水管

很多家庭把阳台改装成洗衣房，直接使用阳台的排水管做洗衣机的排水。阳台上用的一般为外排水管，一旦到了冬季，管道容易被积雪堵住或者被冻住，导致洗衣机的水排不出去，还可能逆流到阳台上。所以如果阳台本身有洗衣房功能，但物业又没有做排水，洗衣机一定不要放在阳台。如果一定要用阳台的排水，必须首先对阳台的室外排水管进行保温。不用阳台排水管的另一个原因是，洗衣机排出的废水经阳台的雨水管排出后，将不经处理地进入附近的河流湖泊，可能对城市环境造成污染。

2. 远离燃气管道和暖气管道

如果小阳台上还经过了燃气管道或暖气管道，洗衣机的进水和排水管会增加墙体上的开孔，会造成不安全隐患。

3. 设置洗衣机的进水管

阳台通常没有进水孔，将阳台改造成洗衣房最好是阳台紧邻厨房或卫生间，这样便于穿墙打孔。

B

Plan2：阳台变身迷你茶室

热衷茶道的人们，对于自家拥有品茶论道专用空间的期许不言而喻，将阳台变身成茶室便可满足这个愿望。用砖块壁纸铺贴阳台墙面，布置一个单人位小沙发、一个小茶几，阳台仿佛变成一个独立的小茶房。阳光微微透进来，躺着品茶该是多么惬意。散发木质清香的榻榻米，布置上精美的盆景，配上精致的品茶道具，阳台立刻变身成享受日光、放松心情的最佳场所。

或者在阳台放置三两单人沙发或木椅、配上精致方形茶几，再点缀上几株精致绿植，简简单单的布局便构成家中的迷你会客室。在此与友人叙谈的同时，共同享受自然阳光、呼吸新鲜空气、欣赏窗外美景，别有一番情趣。

如果你有在家吃早餐的习惯，完全可以将阳台更进一步变成一个完美的茶餐厅。简约现代的折叠座椅是小阳台的不二选择，搭配多彩的条纹地毯，整个空间变得活泼起来。而用绿植点缀，餐厅活力有生机。

Plan3：阳台变身温馨书房

文艺青年最喜欢在阳台喝着小茶，晒着太阳，手捧各种读本。两居室一般没有专门的书房，其实，只要稍加改造，就可以把阳台变成一间雅致书房。将书柜设置在阳台一边，另一边摆上一张藤椅。在阳光明媚的午后，慵懒地闲坐于藤椅之上，一杯咖啡，一本小说，静静感受时间的悄然流逝。对于整日疲于奔波忙碌的都市人们来说，这样的午后不失为一种美的享受。

阳台本身就具备良好的观景效果，如果钟爱大自然，架个望远镜在此，这个书房式阳台就是一个专业的观景台啦！

Plan4：阳台变身小花园

想要一个私家公园的愿望也许你这辈子也无法实现！而巧妙改变你的阳台，却可以让你轻松享受。地方太小，装不上假山，种不了大片花草，但是，用高矮不一的小木桩围绕而成的超迷你小花园却也别有一番滋味。沿着栏杆处的鹅卵石也为这小花园增色不少。在阳台里设计多个搁架，栽植各种各样的盆栽，这个小天地会让你整个家的空气都变得清新起来！

快节奏的都市生活让人很难抽出时间到郊外踏青，巧妙地在阳台布置绿植，可以营造你自己家中的微型花园。在阳台装上架子，错落有致地摆上各种盆栽花木，使整个阳台上有绿叶相掩，下有花卉相映，生机盎然，令人足不出户便可尽情地享受到大自然的乐趣。

E

Plan5：兼顾收纳与情调的阳台吧台

小户型空间有限，收纳必须无处不在，阳台也是收纳的好空间。与窗户齐平的收纳柜让各种物品井井有条，而且找起来很方便。准备两个高脚凳加一个高脚小圆桌，让收纳柜兼具酒吧功能，既不占地方，又是休息谈话的好去处。

或者将阳台的一头设计成小吧台，上面是一个壁橱，下面是吧台，别有情调。也可以偶尔当做小餐厅，沐着阳光用餐，有滋有味。

双层生活
——拾级而上的乐趣

如果您的家是复式结构的房子，那么相信家中有一样东西是必不可少的，那就是楼梯。楼梯是家中“上”与“下”之间的一个联接，但不仅仅如此，在这个上与下之间，我们需要的是安全、便捷。而且，如果运用得当的话，楼梯会成为家中非常引人注目的一个亮点。

许多复式结构的房屋在交到用户手中的时候，通常会有预制的楼梯，但出于各种各样的原因，可能不会让人满意，毕竟这是一个个性化的年代，千篇一律的固定式样总是有众口难调的尴尬。我们应该如何选择一个适合自己的楼梯?

哪种形式的楼梯适合你：

从形式上看，楼梯大致可以分为三种：

直梯：最为常见也最为简单，颇有一意孤行的味道，几何线条给人挺括和硬朗的感觉。同时，直梯加上平台也可轻松实现拐角，是很节约空间的一种依墙而建的楼梯形式，造价也相对便宜。

弧型梯：以一个曲线来实现上下楼的连接，美观，而且可以做得很宽，行走起来没有直梯拐角那种生硬的感觉，是行走起来最为舒服的一种。

旋梯：对空间的占用最小，盘旋而上的蜿蜒也着实让不少人着迷。而且可以不受墙面的限制在空间任何位置建造使用。

B

楼梯需要考虑的细节

1. 楼梯首、末步的高度差

所谓楼梯的首、末步，就是与地面相接的第一级踏步和与楼板相接的最后一级踏步。这两步不仅是上下空间的连接点，也不仅仅是楼梯的支持点，它们还是整段楼梯中最关键的地方。在这两级上，最容易出现的问题就是踏步高度与楼梯中间其他级的不一致。楼梯最为忌讳的就是各个台阶的忽高忽低。相信绝大部分的人都有在楼梯上被绊或踩空的感觉，这两种滋味都会让人惊出一身的凉汗。因为人在上、下楼的时候，那种节奏感已经在脑袋里存好了，成为一种很自然的事，这时候如果突然一个打断，而且是在一个陡面上，肯定会带来恐惧。造成忽高忽低的原因说起来并不复杂。如果是预制的楼梯，用空间高度除以楼梯长度就可以算出每个台阶的踏步高度。但如果是后加工的楼梯，空间是固定的，而楼梯的配件尺寸也是预制的，两个固定的尺寸之间必定存在着矛盾，只能以楼梯的尺寸去配合空间的尺寸，这就难免出现不合适。一般而言，这种调整会在楼梯的首、末两级进行，而中段保持不变。所以有可能出现首、末两级的踏步高度与中段不符。把这种调整安排在首、末两段有一定的道理，因为每个人在踏上楼梯第一步的时候总是最为谨慎的，而当走起来以后，熟悉了踏步的节奏，心中的戒备才会逐渐放松。而这放松的时刻，我们正走在楼梯的中段。所以楼梯中段的踏步高度必须保持不变。如果有改变的话，那么也一定要控制在一个合理的范围；一般而言在 4cm 之内，通常是 2 ~ 3cm。首、末步的变化范围也要控制在这其中。

2. 楼梯的坡度

1）根据房型选坡度

我们在选择房子的时候，空间的尺度、层高的尺寸就已经定形而且很难改变，为了上下楼的方便与舒适，楼梯需要一个合理坡度，楼梯的坡度过陡，不方便行走，会带给人一种危险的感觉。如果需要缓坡，让我们轻松地拾级而上，就需要有一定的空间给楼梯一个延伸的余地。在空间尺度与层高尺寸充裕的情况下，选择什么样的楼梯并不成问题，但如果这两个条件受到限制，就不得不谨慎考虑，以利于空间的节约。对于狭小的空间来说，旋梯可能是比较明智的选择。

2）根据家人需要选坡度

如果你是一个攀岩运动的狂热爱好者，那么建议你的家中最好取消所有的楼梯。可是我们总要与家人同处。对于楼梯坡度的选择，还要根据家中的成员来安排。虽都是一家人，但个人之间的身体状况都存在着差异，总是有强有弱。老人和孩子属于家中最需要被照顾的一方，他们大概更希望楼梯的坡度缓一些、踏步板要宽一些，梯级矮一些，或者，他们也希望楼梯的旋转不要太过强烈，这样在上下楼的时候心里才会感到踏实。

3. 踏步板、栏杆和支撑

这是楼梯给我们的最为直观的印象。因为它们是楼梯的最重要的组成，也因为它们实实在在地关系到我们的“身家性命”。

1）踏步板：轻易不要选择实木，尤其是在北方地区，因为干湿而引起的缩胀，会导致踏步板的变形和开裂。一旦变形，不仅对美观有影响，而且会影响到安全系数。一般踏步板会采用指接板材或玻璃，指接板变形度很小，不易开裂，而且有很高的承重能力。需要注意的是，指接板做成踏步板时，表面一般都经过上漆处理，同复合地板一样，表面经过处理的踏步板具有耐磨、防滑的功能。所以千万别图光亮而在上面打蜡，以防滑倒。如果家中经常处于高温、高湿度的状况，那么最好不要选择指接板做踏步板，可以选择玻璃。其实很多人更喜欢玻璃台阶的那种剔透、“冷”、“酷”的感觉。用于踏步板的玻璃一般是钢化玻璃，承重量大。其实一定厚度的普通玻璃(比如 19mm)已经完全可以经受人的重量，可是如果出现破碎的情况(这种可能性很小)，钢化玻璃不会像普通玻璃那样出现尖利的锐角。选择玻璃踏步板要注意防滑措施，一般有两种作法：贴防滑条和在玻璃上开槽。家中轻易不要采用金属材质做踏步板，以防上下楼梯时发出较大的噪音影响家人休息。

2）栏杆：一定要有足够的高度和宽窄度，如果家中有孩子的话更要注意这一点。而且，栏杆与楼梯的结合一定要牢固。

3）支撑：不同形式的楼梯会有不同的支撑方式。不管采取何种式样的支撑，一定要注意支撑的可靠，人走在楼梯上，楼梯不会发生摇摆的现象。而且，支撑也不应影响楼梯与空间的美观。

十大飘窗利用法

许多人买房之初都遇到过飘窗号称是全送的或半买半送的情况，高涨的房价让现代人越来越注意房间空间的利用，特别是一些特小户型却带一个大大飘窗的房间。“麻雀虽小五脏俱全”的小房子更要装修出大面积效果。因此飘窗的利用越来越受到人们的重视。

为了节约卧室内的空间，通常把床紧挨着飘窗放，飘窗于是变成了床头柜、娱乐区、收纳柜、办公区、阳光房、会客区、甚至卧室……品茶、聊天、赏景、看书、小憩、晒太阳、娱乐、办公、对弈。只有你想不到的，没有它变不成的！心动吧，那就发挥你的想像动手改造小小飘窗吧。

3. 飘窗改造成——会客区

前提条件是窗台足够大，放上几个舒适的大坐垫、靠垫，就可以摇身变身会客区。在这张独特的休闲飘窗上发呆冥想、听音乐，或与三五友人品茶、聊天、打牌。

1. 飘窗改造成——休息室

在这儿看书品茗，约个朋友聊聊天，一起共度美好时光。

2. 飘窗改造成——娱乐室

最原始的办法：两个榻榻米圆垫子，喝茶下棋聊天超百搭。与客厅其他地方相比，这里不但通风采光超一流，而且可以放眼花花世界，何乐不为？

4. 飘窗改造成——日光浴房

这时的飘窗成为了一个休息室，阳光充足的时候来个日光浴，看着可爱的玩偶，让自己的心情在阳光下变得轻盈起来，随意挥洒小心情，阳光下，只要开心就好！

5. 飘窗改造成——娱乐室

家里客人多，除了聊天看电视还可以做什么？如果你的客厅里有一个大飘窗，情况就完全不同了。与客厅其他地方相比，这里通风采光一流，是聊天的好地方。

6. 飘窗改造成——工作台

这个工作台把桌腿都省掉了！在飘窗上放置一个可折叠的桌子，一个工作室就这样做成了。这对读书人来说可是不小的书桌啦，也是实用与科学相结合的方法。小户型家居可以运用。自然光最适合人眼了，当然在阳光刺眼的时候还需要纱窗做好遮阳工作。按照入墙家具的做法做出一个 20 至 40 厘米高的书桌台面，飘窗书桌可向室内延伸，又可在拐角处打造电脑桌、书架、书柜，一个大统一的开卷天地马上归您所有，赶快行动吧！

7. 飘窗改造成——园艺场

飘窗采光好，连绿色植物都想挤热闹。给你带来视觉效果的同时，还能放松心情。

8. 飘窗改造成——单人床

想被阳光照醒或享受朗朗星光的浪漫人士不妨一试。如果飘窗颇大，有两三米长、一米宽的话，就可以把飘窗设计成一张小小的单人床！保留原有的大理石台面，在采光玻璃（大多飘窗是三面采光）上挂上罗马帘或普通垂帘，再在飘窗与卧室之间多加一道窗帘。不用的时候整个窗户造型是浪漫的宫廷式垂帘，轻轻拉开，就是睡美人之床了。

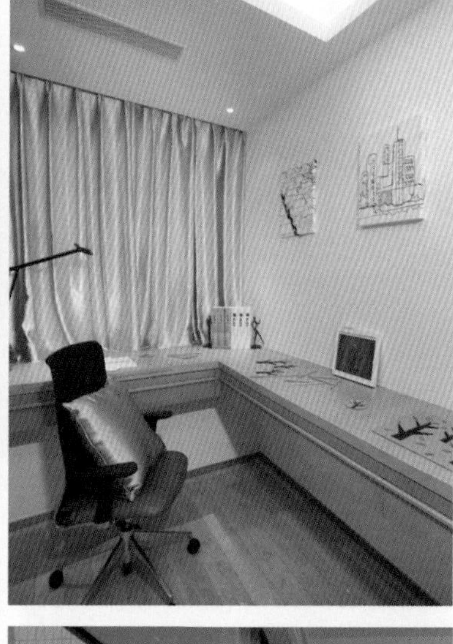

9. 飘窗改造成——婴儿房

小小的 TA，连一平方米都占不到，其实不必那么早为 TA 准备单独的房间。为了便于照顾和增加亲密感情，月子娃在天好的时候绝对可以把飘窗当睡梦窗。前提是晴空万里并且有家长照看。看 TA，在这飘“床”上睡得美滋滋！

10. 飘窗改造成——餐桌

或许是南北方的生活差异，很多南方人家一进门就是张餐桌，在北方却很少看到。有些北方人把茶几当餐桌。在阳光不错的周末，或者你家人口不多，比如小两口，完全可以把飘窗当餐桌。

打造双层生活
——手把手教你搭建阁楼

享受“双层生活”是很多人的梦想。既然买不起别墅，高挑空的顶层复式房就成了很多人的选择。对于有一些层高较高，或者复式房带中空客厅的业主，经常会有搭建阁楼的需要。而搭建阁楼又涉及到一些较深的相关知识，既需要美观，更需要注重安全性。

阁楼的楼板搭建准备

①确定功能：阁楼的搭建，肯定是要解决一些实际问题，以满足原有建筑物格局无法满足的功能需要。因此，首先应明确阁楼的未来使用，不同的功能对空间有不同的要求，这对于确定阁楼搭建的范围及标高有直接的影响。

②确定面积：根据墙体受力和承重情况可以明确阁楼搭建的大致范围。不要一味地盲目追求面积。

搭建阁楼的前提

A 足够的层高。

一般来说，复式房新建阁楼的楼板的下缘与原一层的楼板下缘相平。单层的阁楼楼板的下缘不低于 2.6 米，阁楼楼板与屋顶的内净高不低于 2.4 米，最低不低于 2.2 米。这是以有人员居住为前提的，如果你的阁楼是不住人而只为满足储物功能，那么可以随意定夺高度。

B 跨度不得太大。

在使用槽钢搭建的情况下，阁楼的最短两边的跨度一般不宜超过 4 米，最大不得超过 6 米。

B

阁楼的搭建类型

搭建阁楼有两种常见办法：

1. 槽钢或工字钢搭建。

一般情况下，用槽钢就行了，但用工字钢的抗弯强度会更高，当然造价也会更高，而且工字钢占用的空间层高也更大。槽钢搭建的优点是速度快，即搭即用，不需要等待。缺点是槽钢做的阁楼当人在上面走动时，会有一定的晃动声，槽钢规格越小，晃动声越大。采用槽钢的做法属于推荐做法。

2. 钢筋水泥现浇。

钢筋水泥的做法属于土建做法，但有附加条件的，那就是要求原先的墙上有与结构钢筋相联的钢板接口或者其他植筋固件，否则钢筋水泥这种重量不是一般的支撑物或固定件所能固定的，搞不好会有安全方面的威胁。钢筋水泥楼板的优点是当人在上面走动时，一般没有什么摇晃感，也不会有什么响声（除非楼板很薄），缺点就是水泥的楼板一般很费时，浇好后，纯粹的保养时间就得一个月以上，加上前面的施工时间，前后得有两个月的时间。

Tips：楼板搭建 ABC

A 掌握楼板的厚度

根据国家标准《混凝土结构设计规范》的规定：现浇钢筋混凝土板的最小厚度不小于 80mm。一般的楼板厚度是 100mm。

B 电源布线早考虑

做楼板前一定要考虑好楼上的电源怎么摆放，新作楼板上的灯放在什么位置。然后将线管预先铺设在两层钢筋的中间，把线管埋在混凝土中。一般不建议做好楼板后再凿开楼板埋线管，这样多多少少会影响楼板的质量，而且多了一笔开线槽的开销。

C 浇注完成等一等

混凝土的强度在浇筑完前 3 天上升最快，从 0% 可以达到 50% 以上，7 天时可以达到 95% 左右，之后仍会以很慢的速度增强。所以楼板浇筑混凝土 14 天内，不宜将过量的瓷砖等沉重建筑材料堆放在楼板上，但可以进行正常的装修工程，待 14 天后，可以放置 350kg/m^2 的东西。